学习 改变未来
XUEXI GAIBIAN WEIL

少·年·励·志·馆

U0593294

PEIYANG JIECHU NANHAI DE 130 GE GUSHI

培养杰出男孩的 130个故事

主编/魏红霞

编者/刘　晔

北京出版集团公司
北京教育出版社

阅读成就梦想 学习改变未来

亲近阅读，分享快乐，爱上读书

闫银夫 《语文报》小学版主编

每个孩子都是拥有双翅的天使，总有一天他们会自由地飞翔在蓝天之上。这套书是让孩子双翅更加有力，助推他们一飞冲天的最佳营养剂。

王文丽 全国优秀教师　北京市特级教师
北京市东城区教育研修学院小学部研修员

好的书往往能让孩子在阅读中发现惊喜和力量。这套书就是专门为孩子们量身定制的，它既有丰富的知识性，又能寓教于乐，让孩子感受到学习的快乐！

薛法根 全国模范教师　江苏省著名教师
江苏省小学语文特级教师

多阅读课外书，不仅能使学生视野开阔，知识丰富，还能让他们树立正确的价值观。这套书涉猎广泛，能使学生在阅读的过程中得到全面发展。

武凤霞 特级教师
河南省濮阳市子路小学副校长

本套丛书从学生的兴趣点着眼，内容上符合学生的阅读口味。更值得一提的是，本套丛书注重学生的认知与积累，有助于提升孩子的阅读能力与写作能力。

张曼凌 全国优秀班主任　吉林省骨干教师

这套书包含范围广泛，内容丰富，形式多样，能满足不同学生的阅读兴趣，全方位扩展学生的知识面。

本套丛书紧扣语文课程标准，以提高学生学习成绩、提升学生思维能力、关注学生心灵成长等全面发展为出发点，精心编写，内容包罗广泛，主要分为五大系列：

爱迪生科普馆

—— 体验自然，探索世界，关爱生命

这里有你不可不知的百科知识；这里有你最想认识的动物朋友；这里有你最想探索的未解之谜。拥有了这套书，你一定能成为伙伴中的"小博士"。

少年励志馆

—— 关注心灵，快乐成长，励志成才

成长的过程中，你是否有很多烦恼？你是否崇拜班里那些优秀的学生，希望有一天能像他们一样，成为老师、父母眼里最棒的孩子？拥有这套书，让男孩更杰出，女孩更优秀！

开心益智馆

—— 开动脑筋，启迪智慧，发散思维

每日10分钟头脑大风暴，开发智力，培养探索能力，让你成为学习小天才！

小博士知识宝库

—— 畅游学海，日积月累，提升成绩

这是一个提高小学生语文成绩的好帮手！这是一座提高小学生表达能力的语言素材库！这是一套激发小学生爱上语文的魔力工具书！

经典故事坊

—— 童趣盎然，语言纯美，经典荟萃

这里有最经典的童话集，内容加注拼音注释，让学生无障碍阅读，并告诉学生什么是真善美、勇气和无私。

图书在版编目（CIP）数据

培养杰出男孩的 130 个故事 / 魏红霞主编 . — 北京：北京教育出版社，2014.1
（学习改变未来）
ISBN 978-7-5522-2953-0

Ⅰ . ①培… Ⅱ . ①魏… Ⅲ . ①故事 – 作品集 – 世界 Ⅳ . ① I14

中国版本图书馆 CIP 数据核字（2013）第 261940 号

学习改变未来

培养杰出男孩的130个故事

主编／魏红霞

*

北京出版集团公司
北京教育出版社 出版
（北京北三环中路 6 号）
邮政编码：100120
网址：www.bph.com.cn
北京出版集团公司总发行
全国各地书店经销
辽宁虎驰科技传媒有限公司印刷

*

720mm×960mm 16 开本 21 印张 312 千字
2014 年 1 月第 1 版 2019 年 8 月第 9 次印刷

ISBN 978-7-5522-2953-0
定价：24.80 元

目录 Contents

第 1 章　西点军校五大校训给男孩的成长启示　　　1

校训一　目标要明确，信念要坚定　　　2
超越自己的偶像　　　2

校训二　千万不要纵容自己，给自己找借口　　　5
永不放弃的哈伦德·山德士　　　5

校训三　要有信心，把握自己的未来　　　8
对自己的目标充满自信　　　8

校训四　细节决定成败　　　11
每一个细节都要做到极致　　　11

校训五　有了目标，要立即行动，不要拖延　　　14
贝佐斯创建的奇迹　　　14

男孩成长宝典　　　16

第 2 章　做勇敢坚强的男子汉　　　17

一个勇敢的小男孩　　　18
永远不能放弃　　　20

克服软弱的一面 　　　　　　　　　　23

别让自己有时间去害怕 　　　　　　　25

站着的大米 　　　　　　　　　　　　27

让生命化蛹为蝶 　　　　　　　　　　30

不朽的巨人 　　　　　　　　　　　　32

耳聋的幻想家 　　　　　　　　　　　34

李维斯的成功路 　　　　　　　　　　37

每个生命都是一种行走 　　　　　　　40

苦难与天才 　　　　　　　　　　　　43

成功是苦难开出的花 　　　　　　　　46

"谎言"的力量 　　　　　　　　　　49

失去一条腿后 　　　　　　　　　　　51

在逆境中升腾 　　　　　　　　　　　53

冬天不要砍树 　　　　　　　　　　　55

你该转弯了 　　　　　　　　　　　　57

逼出来的爵士歌王 　　　　　　　　　59

没有雨伞的孩子必须努力奔跑 　　　　61

成功的失败者 　　　　　　　　　　　64

顶碗少年 　　　　　　　　　　　　　66

一只眼睛也能看见天堂　　　　　　　　69

最酷的兵器　　　　　　　　72

第 **3** 章　　**用自信乐观打倒失败**　　　　**73**

千万别太在意"下下签"　　　　　　　74

一辆只值两块钱的车　　　　　　　　77

寻找一束光　　　　　　　　79

积极的心态带来成功　　　　　　　　81

做自己能够做得最好的事情　　　　　84

天才的秘诀　　　　　　　　86

告诉自己：我行　　　　　　　　88

因为耗子鼓起人生的自信　　　　　　91

认识自己的价值　　　　　　　　94

自信让小泽征尔获得了成功　　　　　96

世界上没有笨蛋　　　　　　　　98

相信自己是一种力量　　　　　　　100

永不绝望　　　　　　　　102

你就是百万富翁　　　　　　　　104

人生的试金石　　　　　　　　106

在两个机会中把握人生　　　　　　109

乐观的价值　　　　　　　　　　112

一面镜子　　　　　　　　　　　114

最high的运动　　　　　　　　116

第4章　严于律己，方能成为强者　117

不能被香烟打败　　　　　　　　118

我叫托马斯·杰弗逊　　　　　　120

第一份工作　　　　　　　　　　122

从顽童到科学家　　　　　　　　124

高昂的学费　　　　　　　　　　126

严格要求自己　　　　　　　　　128

修剪自己的欲望　　　　　　　　131

洒掉的牛奶　　　　　　　　　　133

马拉松者村上春树　　　　　　　136

趣味科学知识　　　　　　　　138

第5章　勤奋是通往成功的阶梯　139

曾是全班倒数第一的苏步青　　　140

刻苦勤奋的王阳明　　　　　　　143

凡人与大师　　　　　　　　　　　145

人生是一场静悄悄的储蓄　　　　　147

仅有天赋是不够的　　　　　　　　149

有耕耘才会有收获　　　　　　　　152

天才是用努力换来的　　　　　　　154

靠勤奋成功的海涅　　　　　　　　157

柳公权练字　　　　　　　　　　　159

勤奋好学的葛洪　　　　　　　　　162

"敢碰困难"和"肯学"的科学家　　164

鲁迅成功的秘诀　　　　　　　　　166

勤奋智慧的人生　　　　　　　　　168

男孩成长宝典　　　　　　　　　170

第6章　用幽默和宽容待人处世　　171

里根总统的幽默　　　　　　　　　172

美妙的香格里拉　　　　　　　　　174

酒桶里的第欧根尼　　　　　　　　176

受人欢迎的鲍勃·霍伯　　　　　　179

霍加教驴子念书　　　　　　　　　181

善意的牧师 183

化敌为友 185

把浩瀚的海洋装在心里 187

最酷的兵器 190

第7章 责任是男子汉最大的担当 191

只为心安 192

坚守承诺 194

对自己的言行负责 196

林肯的道歉 198

爱吃冰激凌的汽车 200

敢于担当的摩根先生 202

敢于承担责任的艾森豪威尔 204

阿基勃特：每桶4美元 206

最high的运动 208

第8章 有信念，梦想就会实现 209

永不服输的周杰伦 210

创造"不可能"的博格斯 212

"老鼠"也可以成为主角   214

信念能创造奇迹   217

在音乐厅里拉琴   219

梦想是一件粗布衣   221

穷孩子的环球梦   223

为梦想打工   225

别忘了出发时的梦想   228

一块有了愿望的石头   230

我想赢，结果我赢了   232

从贫民窟"小蛮子"到大记者   234

再晚的开始也不晚   237

成名在101岁   239

模拟成功   242

克尔的坚持   244

再努力一次   246

把失败写在背面   248

趣味科学知识   250

第 **9** 章   **人无信而不立**   **251**

朋友的重托   252

被拆掉两次的亭子   254

信用是人生最重要的财富　　　　　　257

5美元的诱惑　　　　　　　　　　　259

我唯一不能失去的就是信用　　　　　261

一场特殊的考试　　　　　　　　　263

放弃虚假的满分　　　　　　　　　265

乌鸦喉咙里的金项链　　　　　　　268

卡尔·威勒欧普的诚信故事　　　　270

用200法郎购买20分钟　　　　　　272

我相信你　　　　　　　　　　　　274

最酷的兵器　　　　　　　　　276

第**10**章　　**细节决定成败**　　　　277

十二次微笑　　　　　　　　　　　278

如果你是对的，你的世界就是对的　　280

两块钱的力量　　　　　　　　　282

山姆·沃尔顿：不要让瑕疵影响一生　284

注重细节是一种美德　　　　　　　286

一块碎片的价值　　　　　　　　　289

每件事都会有结果　　　　　　　　291

迪斯尼精美的动画世界　　　　　293

注重细节的人能成大事　　　　　296

特别的面试　　　　　　　　　　298

趣味科学知识　　　　　　　　　300

第**11**章　　点亮你的智慧之灯　　301

策划的艺术　　　　　　　　　　302

不够润滑别冲动　　　　　　　　305

"玩"出来的精彩　　　　　　　　307

"废物"让世界更美好　　　　　　309

铁匠铺里有拉链　　　　　　　　311

安在大厦上的"悬崖"　　　　　　313

铅笔的故事　　　　　　　　　　315

小处关心，大处惊人　　　　　　317

最high的运动　　　　　　　　　319

男子汉宣言墙　　　　　　　　　320

第 1 章

西点军校五大校训给男孩的成长启示

走进西点军校

西点军校，是美国陆军的一个军事学院。该校位于纽约市北部哈德逊河西岸的橙县西点镇，故被称作"西点军校"，距离纽约市约80公里。该校是美国历史最悠久的军事学院。它与英国桑赫斯特皇家军事学院、俄罗斯伏龙芝军事学院以及法国圣西尔军校并称世界"四大军校"。西点军校是培养男子汉的摇篮，西点军校的校训是杰出男孩心灵成长的必需品。

校训一 目标要明确，信念要坚定

对于每一个西点军校的学生来说，他们在学校接受的一项很重要的教育就是：目标要明确，信念要坚定。一个人若想走上成功之路，首先必须有明确的目标。确立目标之后，要有坚定的信念，心无旁骛，集中全部精力，勇往直前。

超越自己的偶像

【阅读导航】

所有成功人士都有目标。如果一个人不知道自己想去哪里，不知道自己想成为什么样的人、想做什么样的事，他就不会成功。

——诺曼·文森特·皮尔

一个生活在旧金山贫民区的小男孩，因为营养不良而患有软骨症。他6岁时双腿变成"弓"字形，小腿严重萎缩。然而在他幼小的心灵中，一直藏着一个除了他自己没人相信会实现的梦——有一天他要成为美式橄榄球的全能球员。

他是传奇人物吉姆·布朗的球迷，每当吉姆所在的克利夫兰布朗队和旧金山四九人队在旧金山比赛时，这个男孩便不顾双腿的不便，一跛一跛地到球场去为心中的偶像加油。由于穷得买不起票，他只能等到全场比赛快结束时，从工作人员打开的大门溜进去，欣赏最后几分钟。

13岁时，有一次，在布朗队和四九人队比赛之后，他在一家冰激凌店里，终于有机会和偶像面对面地接触，那是他多年来期望的一刻。他

大大方方地走到那位大明星的跟前,说道:
"布朗先生,我是您最忠实的球迷!"

　　吉姆·布朗和气地对他说了声
"谢谢"。这个小男孩接着又说道:"布
朗先生,您知道一件事吗?"

　　吉姆·布朗转过头来问:"小朋友,
请问是什么事呢?"

　　小男孩一副自若的神态,说道:
"我记得您所创下的每一项纪
录、您的每一次布阵。"

　　吉姆·布朗十分开心地笑了,
然后说道:"真不简单。"

　　这时,小男孩挺了挺胸膛,
眼睛里闪烁着光芒,充满自信
地说道:"布朗先生,有一天我
要打破您所创下的每项纪录!"

　　听完小男孩的话,这位美式橄榄球
明星微笑着对他说道:"好大的口气。孩子,你叫什么名字?"

　　小男孩得意地笑了,说:"布朗先生,我的名字是奥伦索·辛普
森。"

　　吉姆·布朗说:"我们会成为什么样的人,会有什么样的成就,在于
我们先做什么样的梦。"

　　奥伦索·辛普森日后的确如他少年时所说的,在美式橄榄球场上
打破了吉姆·布朗所创下的所有纪录。

　　为什么远大理想能激发出令人难以置信的力量,改写一个人的命
运?又为什么目标能够使一个行走不便的人成为体坛传奇人物?各位

朋友，要想把看不见的梦想变成看得见的事实，首先要做的事便是制订目标，这是人生中一切成功的基础。理想会引导你的一切想法，而你的想法便决定了你的人生。

我的成长启示

在生活中，有不少人缺乏远大的理想。他们就像地球仪上的蚂蚁，看起来很努力，总是在不断地爬，却永远找不到终点，找不到目的地。如果没有理想，没有努力的方向，那么你会白费力气，最终没有任何成就。

校训二 千万不要纵容自己，给自己找借口

在西点军校，有一个代代相传的悠久传统，那就是当学员面对军官问话时，只能有四种回答："报告长官，是。""报告长官，不是。""报告长官，不知道。""报告长官，没有任何借口。"西点军校就是要让学生明白：没有任何借口。我们无论面对怎样的困难，身处什么样的环境，都必须学会对自己的行为负责，都必须全力以赴去完成自己的目标。

○ 永不放弃的哈伦德·山德士 ○

【阅读导航】

借口是拖延的温床。

——费拉尔·凯普

肯德基的创始人哈伦德·山德士出生在一个虽不富裕却很幸福的家庭中，父母对他十分疼爱。但是不幸的是，在他刚刚5岁的时候，父亲就在一次意外中离开了人世，母亲在不久之后因为不堪生活的重负而改嫁。小小年纪的山德士从此以后便没有人照顾了。14岁时他就辍学，开始流浪。

在流浪期间，他几乎没有穿过一件干净漂亮的衣服，甚至都没有吃过一顿饱饭。为了维持生计，他不得不寻找各种各样的工作来做。他曾经当过餐馆的杂工，也当过汽车清洁工，在农忙季节他还到农场谋过一份工作。在他16岁的时候，军队来招募士兵，虽然还不到规定

的年龄，但是他还是通过谎报年龄的方式参了军。军队生活虽然枯燥无味，但是锻炼了他的身体和意志。在服役期满之后，他利用在军队中学习的技术开了一个简陋的铁匠铺，由于竞争激烈，不久之后铁匠铺就关门了。

他的生活几乎又回到了参军以前，不甘现状的山德士又通过自己的勤劳肯干谋得了一份在铁路上当司炉工的工作，不久以后，他就因为工作表现好而从临时工变成了一名正式工。山德士感到从未有过的高兴，因为他觉得自己终于找到了一份安定的工作，可以结束漂泊不定的生活了。

但是好景不长，在经济大萧条前夕，他失业了，而当时他的妻子刚刚怀孕。更不幸的是，就在他的事业处于低谷之时，妻子离开了他。他到处寻找工作，却到处碰壁，但是他从来没有放弃过对生活的希望。这段时间，他不得不从事多种工作，如当推销员、码头工人、厨师等，但是无论干哪种工作都不能长久，他不得不一次又一次地更换工作以维持自己的生活。在这期间，他也试着自己开加油站或经营其他小生意，但是均以失败告终。后来他的朋友们都劝他不要再折腾了，说"认命吧，你已经老了"。

山德士从来没有认为自己已经老了，所以对朋友的劝告一直不予理会。直到有一天，当邮递员给他送来他的第一份社会保险支票时，他才意识到原来自己真的老了。也许真如朋友们所说，该认命了。折腾了一辈子都没有折腾出什么成就，现在已经老到领社会保险的时候了，难道还不放弃吗？山德士曾多次这样问自己，但是每次他给自己的答案都是"绝对不能放弃"。

之后，他就用那张105美元的社会保险支票创办了闻名全球的肯德基快餐店，并在他88岁那一年迎来了欣欣向荣的伟大事业。

我的成长启示

命运让我们遭遇重重困难，并不是为了给我们制造放弃奋斗的借口，而是要给我们铺就接近成功的阶梯。正是一次次的失败和尝试，让自强不息、不肯放弃的人们更加接近成功，也正是这些困难促使他们获得更多的成就。

校训 三　要有信心，把握自己的未来

西点军校希望学生能够被打磨得为人有信心、对他人宽容、做事态度谨慎，能够在成为一名最棒的将军的同时也成为一位谦谦君子。弥尔顿曾经说过："只有对自己抱着客观、公正、真诚的自信，我们才能完成有价值的事业，才能赢得他人的掌声。"

对自己的目标充满自信

【阅读导航】

坚决的信心，能使平凡的人们，做出惊人的事业。

——马尔顿

　　威尔逊在创业之初，全部家当只有一台靠分期付款买来的爆米花机，价值50美元。第二次世界大战结束后，威尔逊做生意赚了点儿钱，便决定从事地皮生意。如果说这是威尔逊的目标，那么，这一目标的确定，就是基于他对自己对市场需求的预测充满信心。

　　当时，在美国从事地皮生意的人并不多，因为战后人们一般都比较穷，买地皮修房子、建商店、盖厂房的人很少，地皮的价格也很低。当亲朋好友听说威尔逊要做地皮生意时，他们异口同声地反对。他们觉得威尔逊一定是疯了。

　　威尔逊坚持己见，他认为反对他的人目光短浅。他认为虽然连年的战争使美国的经济很不景气，但美国是战胜国，它的经济会很快进入

大发展时期。到那时买地皮的人一定会增多，地皮的价格会暴涨。

于是，威尔逊用手头的全部资金再加上一部分贷款在市郊买下很大一片荒地。这片土地由于地势低洼，不适宜耕种，所以很少有人问津。可是威尔逊亲自观察了以后，还是决定买下这片荒地。他预测：美国经济很快会繁荣起来，城市人口会日益增多，市区将会不断扩大，必然向郊区延伸。在不久的将来，这儿一定会变成黄金地段。

后来的事实正如威尔逊所料。不出三年，城市人口剧增，市区迅速发展，大马路一直修到威尔逊买的土地的边上。到处都建起了高楼大厦，城市像是飞速增长的树木一样，需要用更大的空间来容纳城市里的人口。

这时，人们来到威尔逊的地盘，他们才发现，这片土地周围风景宜人，是夏日避暑的好地方。这里优美的环境和城市里的水泥森林是那么不同，让人们都很期待来这里住一些日子，放松自己的神经。

于是，这片土地价格倍增，许多商人竞相出高价购买。但威尔逊不为眼前利益所惑，他还有更长远的打算。后来，威尔逊在自己这片土地上盖起了一座汽车旅馆，命名为"假日旅馆"。由于它地理位置好，舒适方便，开业后，顾客盈门，生意非常

兴隆。

从此以后，威尔逊的生意越做越大，他的假日旅馆逐步遍及世界各地。

目光远大、目标明确的人往往非常自信，而自信与否与人生的成败息息相关。

我的成长启示

当人们对威尔逊的做法质疑的时候，他并没有因此动摇，因为他对自己的选择充满了信心。他相信自己作出了正确的判断，因此才会坚持做下去。他成功的原因与其说是他具有好眼光，不如说是他具有自信精神。

校训四 细节决定成败

西点军校很重视对新学员进行细节训练，要求他们背诵一些守则，记住会议厅有多少盏灯、蓄水库有多大蓄水量，注重服装仪容的细节，等等。或许这些小事都不起眼，但是西点军校却严格要求每一个学员做好，因为："魔鬼"总是选择在细节中下手，在你稍不留神之际，它就会偷偷地侵蚀渗透你，最后带来严重的后果。因此，永远不要忽视任何细节。

每一个细节都要做到极致

【阅读导航】

在艺术的境界里，细节就是上帝。

——米开朗琪罗

中央电视台记者柴静在节目《看见》中，专访了世界知名导演卡梅隆。在这次专访中，卡梅隆向大家讲述了自己拍摄《泰坦尼克号》电影中的两个细节故事。

第一个故事是，1997年《泰坦尼克号》上映时，有一个对天文学颇有研究的观众给卡梅隆写了一封信，提到电影中杰克躺在甲板上看星空这个镜头有误。因为这位热心观众仔细研究过，那天晚上的星空并不是电影中的那个样子。卡梅隆收到这封信后，十分认真地将它读完，然后回信给那位观众说："谢谢你的指正。请你把当天的星空图复原，

绘出来给我。"后来，在3D版的《泰坦尼克号》里，卡梅隆原原本本地再现了那天真实的星空。

卡梅隆解释说，哪怕是做一个瓶子、一把椅子、一个花篮、一本书，用不用心都是可以看出来的。他不允许自己不用心，他要把每一个细节做到极致。

另外一个故事是，卡梅隆为了体验泰坦尼克号沉船上人们的切身感受，拍摄出真正有美感和价值的东西，亲自坐潜水器沉到海下，采集了很多数据，找到了不少灵感。

柴静问他：潜下去的时候感觉恐惧吗？这样做会不会太冒险了？卡梅隆回答说，有些冒险是有价值的，因为你要探索真相，给观众一个交代，这样观众才会被影片所打动。

对于电影里的每一个细节，都力争做到完美无瑕，做到尽善尽美，必须对喜爱自己的影迷负责，这便是真实的卡梅隆。事实上，任何事情，只要你真正用心去做了，别人都是能感受到的。

卡梅隆的行为，其实也验证了这样一句话，那就是：小事成就大事，细节铸就辉煌！卡梅隆对完美的追求，不但保证了作品的尽善尽美，而且本身也是对影片最好的宣传，想不成功都难！

我的成长启示

　　卡梅隆对艺术细节的极致追求，让我们深深折服。其实，从细节里体现出的是精神追求，是良心操守。与其说细节决定成败，不如说精神操守决定成败。

校训五 有了目标，要立即行动，不要拖延

西点军校的游泳训练中，有这样一个高难度的动作：学生们必须穿着军服，背着背包和步枪，从大约10米的高台上跳进游泳池，然后在水中解开背包，脱掉皮鞋和上衣，把这些东西绑在临时的浮板上。尽管学生们事前都会演练多次，可是真到了要往下跳的那一刻，大部分人还是会迟疑，走到跳板尽头时就会停下来。当然，即便是有些犹豫，他们最终还是会行动起来，纵身跃下。有的时候，人有了目标，有了理想，缺少的或许正是这样一种立即行动的勇气。

贝佐斯创建的奇迹

【阅读导航】

如果你有一个梦想，或者决定做一件事情，那么，就立刻行动起来。

——杰克·韦尔奇

1994年年初，互联网刚刚诞生没多久，一名叫杰夫·贝佐斯的30岁的青年，偶然注意到了互联网成长速率每年高达2300%的惊人数据。这个数字对普通人来说可能并不具有多大的意义，但贝佐斯从中看到了电子商务的无穷潜力，他的脑中浮现出一幅美好的企业蓝图。他决定建一个没有中间商抽头的书店，并以电脑的虚拟空间，取代店面的租赁和摆设，将烦琐的进出货和盘点交由电脑软件处理，借此大大简化传统书店所需的人力和物力。

这个具有可实施性和美好前景的创业念头产生后，贝佐斯马上辞去了华尔街一家基金公司副总裁的工作，举家前往西雅图。路上贝佐斯

就开始在自己的笔记本电脑上拟订事业计划书，并且用移动电话到处筹集资金。1995年7月，亚马逊网络书店正式成立了。

当年，几乎所有人都认为贝佐斯的想法是天方夜谭，但这并没有阻止亚马逊网络书店成立后在全世界引起极大反响。在公司网上开业的前30天，客户订书的寄送范围就广达全美50个州，以及其他45个国家和地区。成立之初，公司设在一个仅仅400平方英尺大小的车库里；6个月后，搬迁到7000平方英尺的仓库中；又过了6个月，再次搬迁，总部面积扩大到17000平方英尺，而员工也从原来的7人，增加到170人，到1999年甚至突破了2000人。

贝佐斯看到了基于互联网的电子商务的优势，他立即行动，在短短的3～5年间使亚马逊公司由零起步，成长为一个巨人。

只有付诸行动才会得到结果，相信是不会有人反对这句话的。下定决心是一回事，付诸行动又是另一回事了。立即行动！我们只有采取行动才能使我们的梦想变成现实。立即行动！只有大量的行动，才会让我们不断超越对手，超越自己。因为成功属于马上行动的人！

我的成长启示

我们仅仅有理想是不够的，必须付诸行动。如果没有行动，那理想永远只是空想，只是空中楼阁、海市蜃楼，遥不可及。所以，我们一旦有了目标，就要马上行动。

男孩成长宝典

面对其他男孩的挑衅怎么办？

有时，我们不得不面对来自其他男孩的挑衅。这个时候，你该怎么办呢？在这里告诉你一些实用的小技巧，帮你从容应对这种情况：

★ 斩钉截铁地向对方说明，你不愿听到这样无耻的话。即使你已经很愤怒，也要表现得很冷静。强调"我"，例如："我不想听你说这样的话！"

★ 跟对方说，如果他还是这样过分的话，你就不愿继续和他打交道了。

★ 询问对方，到底发生了什么事，为什么一定要向你挑衅。也许他发生了什么事，问他有什么你可以帮忙的。

★ 告诉对方，他这样会让别人为他担心。然后询问他为什么如此怒不可遏，并稍微安慰他一下。

★ 站起离开，任由其他人坐在那里。

★ 在下次足球赛时打败对方的球队。

第 2 章

做勇敢坚强的男子汉

　　人们常说："困难像弹簧，看你强不强。你强它就弱，你弱它就强。"在人生的道路上，会有很多困难和挫折，你能否成功，就看你够不够坚强，能不能战胜它们。战胜了，你就是英雄，就是生活的强者。

一个勇敢的小男孩

【阅读导航】

人在身处逆境时，适应环境的能力实在惊人。人可以忍受不幸，也可以战胜不幸，因为人有着惊人的潜力，只要立志发挥它，就一定能渡过难关。

——卡耐基

一个小男孩每天早晨提前到学校生火，好在老师和同学们到来之前让房间变得暖和一些。

一天，人们到学校时发现校舍被熊熊烈火吞没了。人们把失去知觉的小男孩从火中救出来时，他已经奄奄一息了。他的下半身被严重烧伤，人们把他送往附近一个乡村医院。

被严重烧伤、神志不清的小男孩躺在床上，模糊地听到医生对他母亲说的话。医生告诉他母亲："你儿子若能活过来，就真是老天慈悲了，因为可怕的大火已经烧坏了他的下半身。"

但勇敢的小男孩并不想死，他下定决心要活下来。

让医生惊讶不已的是，他居然真的活了下来。当危险期过去之后，他又听到医生对他母亲悄悄地说：

"大火吞噬了他下肢的许多肌肉，他注定要做一辈子残疾人，无法再活动他的双脚了。"

这个勇敢的小男孩再一次下定决心——他决不要做一个瘸子，他要走路。但不幸的是，他腰部以下都无法活动。他细瘦的双腿在那里摇摇晃晃，一点儿知觉也没有。

他终于出院了。母亲每天都要为他按摩双腿，但他毫无知觉。然而，他想再次站起来的意念依然那么坚定。

不在床上的时候，他就坐在一张轮椅中。一个阳光明媚的晴天，母亲推着轮椅，让他到院子里呼吸新鲜空气。这一天，他不再坐在轮椅里，而是扑下轮椅，拖着双腿在草地上爬行。他爬到院子的围栏边，费力地抓住围栏，让自己的身体直立起来。然后一根栏杆接着一根栏杆，他一边拉住围栏把自己向前拖，一边在心中想着自己一定能走。他开始每天这样锻炼着，直到院子的围栏边被拖出了一条小径。

他一心想着自己一定能再次走路。最后，他凭借钢铁般的毅力，终于能够自己站立起来了；接着，他可以摇摇晃晃地步行；再接着，他可以自己跑了。他开始步行去学校，然后跑步上学，他跑步纯粹是由于喜欢那种奔跑的快乐。在大学里，他还入选了校田径队。

后来，在麦迪逊广场花园，这位大家认为即使活下来，也肯定无法再行走，更别梦想跑步的，有着非凡勇气和胆识的年轻人——格兰·坎宁安博士，打破了田径一英里跑世界纪录。

勇气和胆识造就了格兰·坎宁安博士辉煌的一生。

我的成长启示

生活中我们只要有了勇气和胆识，什么样的困难都会被我们踩在脚下。胆小的人，注定要失去生命中的精彩与美丽。对我们来说，最难克服的就是畏惧心理，只要我们昂起头来，坚强地面对这一切，所有的困难都会被克服。

永远不能放弃

【阅读导航】

卓越的人的一大优点是：在不利与艰难的遭遇里百折不挠。

——贝多芬

1941年的一个清晨，他的母亲正在为他准备早饭，一群警察突然闯进了他的家，砸碎了房间里面所有能够看见的东西，并且给他的母亲戴上了手铐。因为他的母亲是反战联盟的一员，写了大量反对德国纳粹的文艺作品。

他哭泣着去拉母亲的衣角，希望能够和母亲一起被带走，可是蛮横的警察推开了他。他的母亲对着他大声喊道："不要哭！男孩子需要的是坚强，记住了，儿子！等着妈妈回来和你在一起！记住了，再苦再难都要等着妈妈，不能够放弃！记住了吗，儿子？活着就永远不能够放弃。"

母亲被带走了，当时他只有4岁。4岁的他茫然地看着惨遭洗劫的家，不知道自己今后的生活如何过，自己要等待母亲到什么时候。

他开始流浪，寒冷和饥饿不时光顾他。他只能蹲在街头的一个角落里，运气好的话，能够乞讨到一块面包充饥；如果运气不好，就只能拼命地喝水。这些还不是最令他痛苦的，最让他痛苦的是，那些比他大的乞丐经常找各种理由欺负他。每当被人打得发晕的时候，他就会想到死，但这时候母亲那双看着自己的眼睛就在他脑子里面显现。他对自己说："妈妈一定会回来的，妈妈一定会回来的，我不能够放弃！"

当晚上睡在桥洞里的时候，他会在心里呼唤自己的母亲："妈妈，你在哪里？"而他的母亲正躺在慕尼黑附近的达豪集中营里，已经被折磨得奄奄一息。他母亲的心里同样在想着他，并且也在对自己说："不能放弃，永远不能放弃！"

终于，美国大兵打开达豪集中营的大门，从成堆的"囚犯"尸体中发现了他的母亲——她还没死，士兵们把她迅速送往医院抢救。一个月后，他的母亲刚刚恢复了一些体力就固执地要求出院，她对医生说："我不能再住在这里了，我要去找我的孩子！"

4年，整整4年。他的母亲不知道能否寻找到他，她一个城市一个城市疯狂地找。最后在一个街头的角落里，他和母亲同时认出了对方。但让母亲惊呆的是，快9岁的他，瘦得已经没有了人形，而且正发着高烧。母亲抓住他的手，他从嘴角挤出一丝微笑说："妈妈，我终于等到你了。"说完，他就晕了过去。

母亲把他抱到维罗纳的医院，医生都不敢相信，这个体重只有20多斤的孩子竟然快满9岁了。严重的营养不良加上发烧正在摧毁着他的身体。他的母亲天天拉着他的手在他耳边说："好儿子，妈妈回来了，我们不能够放弃，永远不能够放弃！"就这样，他在维罗纳的医院躺了一

个多月，终于缓了过来。

他的母亲在他住进医院的第一天，就决定了要带着他去投奔在美国从事物理研究的哥哥，因为母亲不希望他在未来的生活中再次颠沛流离。

在美国，他对学习表现出了极大的热情，并且在哈佛大学取得生物博士学位，开始了对人类遗传学和生物学的研究。也许因为幼年时那段苦难生活的磨炼，他在自己的研究工作中即使遇到天大的困难，也从来没有产生过放弃的念头。

他就是2007年诺贝尔医学或生理学奖获得者、美国犹他大学医学院人类遗传学与生物学杰出教授——马里奥·卡佩奇。人们在他获得诺贝尔奖后采访他，他笑着对采访的人说："我为什么成功？就因为我从来都不懂得什么叫放弃！"

（作者：刘述涛）

我的成长启示

马里奥经历了那么多的苦难，还能笑傲人生，不得不让人感叹。其实苦难就是这样，经历了它，战胜了它，我们就会变得越来越强大。经历的苦难越多，世上能压倒你的困难就越少，你就会更加懂得什么叫执着。

克服软弱的一面

【阅读导航】

不幸不会长续不断，你要耐心忍受，或是鼓起勇气把它驱走。

——罗曼·罗兰

罗伯特·梅里尔在纽约布鲁克林长大。小时候他不仅胆小，而且说起话来口吃得厉害，所以最怕被老师叫起来当着全班同学的面说话。有时，罗伯特知道上课时老师会向他提问，他就逃学。每逢躲不开的时候，他就背对着全班同学站着朗读，同学们常常取笑他。

而罗伯特真正得到解脱是在他15岁的时候。那时正赶上经济大萧条，他不得不辍学，在曼哈顿地区帮父亲和叔叔把服装和鞋送到顾客家里去。

罗伯特对歌剧情有独钟，这主要是受妈妈的影响。他的妈妈是一个业余歌手，嗓音优美。当她在家里听到罗伯特唱歌后，就带罗伯特去拜见一位声乐老师。这位声乐老师的工作室就在大都会歌剧院里，罗伯特对这位声乐老师充满了敬畏。罗伯特常利用午餐的时间，手里抱着一大堆鞋盒和衣物去上课，或是干完了活去上课，虽然那时他已经累得筋疲力尽。罗伯特和妈妈都没有把上课的事告诉父亲，因为他们知道他是不会理解的。

一天，上完课后罗伯特回家晚了，父亲一定要知道他为什么这么晚才回家，他只好把上声乐课的事告诉了父亲。父亲虽然不知道什么是声乐课，但并没有阻止他。不久后的一天，罗伯特去第五十七街送货的时候，看见斯坦韦大厅前围着一群人。原来是旅游胜地艾迪罗恩迪山的斯卡鲁恩庄园要招收一名暑假帮工，这里正在进行面试。

罗伯特唱了一首歌，压倒了40多名对手，得到了这份工作。那时候他刚18岁，因为缺乏实际经验，他感到非常紧张，但是在工作中他什么活都得干，所以这种紧张感也就很快消失了。女声合唱队唱歌的时候，他给她们伴唱，同时还为一位名叫雷德·斯克尔顿的青年喜剧演员当助手。第一次听到观众的掌声时，他就知道这条路走对了。

罗伯特不敢相信，只要一上台演唱，他的口吃就消失了。每次站到一批新的观众面前，他的自信心就得到进一步加强，胆怯也随之消失。

他学到的最重要的东西是：人软弱的一面是能克服的。罗伯特后来成为美国久负盛名的男中音歌唱家，有9位美国总统曾慕名前往听他演唱。

我的成长启示

软弱让我们失去了很多机会，因为成功只青睐勇敢坚强的人。虽然罗伯特的成功之路每一步都充满了艰辛，但他勇敢地走了过来。虽然一路流下了汗水，但最终他收获了掌声。这就是战胜软弱、战胜困难之后，生活所给予他的宝藏。

别让自己有时间去害怕

【阅读导航】

苦难有如乌云，远看时但见墨黑一片，然而身临其下时不过是灰色而已。

——里希特

克里蒙·史东是美国联合保险公司的董事长，美国的商业巨头之一，被称为"保险业怪才"。

史东自幼丧父，家里经济困难，靠母亲替人缝衣服维持生活，为补贴家用，他很小就出去卖报纸了。有一次他走进一家餐馆卖报纸，气恼的餐馆老板一脚把他踢了出去。可是史东只是揉了揉屁股，手里拿着更多的报纸，又一次溜进餐馆。那些客人见他有这种勇气，便劝老板不要再撵他，并纷纷买他的报纸看。虽然史东的屁股被踢痛了，但他的报纸卖出去了。

史东一直勇敢地面对困难，不达目的绝不罢休。

史东在上中学的时候，开始试着推销保险。他来到一栋大楼前，当年卖报纸的情形又出现在眼前，他一边发抖，一边安慰自己——如果你做了，不仅没有损失，而且可能有大的收获，那就下手去做，而且马上就做！

他走到大楼前想，如果被踢出来，他就像当年卖报纸被踢出餐馆时一样，再试着进去。幸运的是，他没有被踢出来。每一间办公室，他都去了。他的脑海里一直回响着："马上就做！"每一次走出一间办公室而没有收获的时候，他就担心到下一间办公室会碰到钉子。不过，他毫不迟疑地强迫自己走进下一间办公室。他找到一个秘诀，就是立刻冲进下一间办公室，这样就没有时间害怕。

那天，有两个人跟他买了保险。就推销数量来说，他是失败的，但在了解自己和推销技术方面，他有了极大的收获。

第二天，他卖出了4份保险。第三天，6份……他的事业开始了。

20岁的时候，史东自己建立了只有他一个人的保险经纪社，开业的第一天，他就在繁华的大街上推销出了54份保险。

经过不断的积极进取，终于有一天，他创下了令人几乎不敢相信的纪录——122份。史东对自己的事业更加充满信心了，他的事业从此如日中天。

我的成长启示

　　如果我们犹豫，害怕就会乘虚而入，事情就会做不成。当考砸的一份试卷发下来时，我们要做的不是对分数灰心失望，而是马上找出犯错的原因。我们应要求自己立刻去做，好让自己没有时间去害怕。如果我们能克服恐惧心理，大胆地去做，一定会有收获。

站着的大米

【阅读导航】

患难困苦，是磨炼人格之最高学校。

——梁启超

他经常赶不上公交车，哪怕赶上了，最终的结果也可能是站着。

老师喊他起来回答问题的时候，他总是磨磨蹭蹭的，老师总是怀疑他上课走神，因此，经常让他罚站。

和同学们在一起踢球，明明看着球朝自己飞过来，他想去接，但总是慢了点，他的鼻子经常被球撞得鲜血直流。

他曾数次哭着向妈妈说："为什么我那么笨？"

母亲微笑着告诉他："孩子，其实你并不笨，你在公交车上站着是因为你把座位让给了别的同学；你上课时并不是走神，而是精力太集中了；你总是被别的同学绊倒，是因为你遵守规则……一切都只能说明你是个善良的孩子！"

　　"做一个善良的孩子每次都要坐公交车的时候站着，上课罚站，踢球的时候受伤吗？"他一脸疑惑。

　　母亲笑了，并没有直接回答他，母亲把他领到了一个电饭煲旁，掀开锅盖，里面有一锅香喷喷的米饭。母亲说："孩子，你仔细看看这一锅米饭，那些处在最上层的大米总是精神劲儿十足，笔挺地站在电饭煲里，而处在电饭煲底部的大米总是平躺着的，这两种大米哪一种更好看呢？"

　　"站着的大米！"他声音洪亮地回答。

　　"这就对了，你光知道站着的大米漂亮，你可知道漂亮是需要付出努力的？首先，站着的大米不像卧倒的大米跑得那么快，锅开的时候，卧倒的大米总是迅速地跑到电饭煲底部，这是害怕蒸煮的表现；而站着的大米呢，水蒸气扑过来一次次把它们打倒，它们又站了起来，它们经受的煎熬最多。正因为经受了这些考验，它们才成为了最有型、最漂亮的大米！孩子，你就是处在电饭煲最上层的大米！"妈妈说这话的时候，目光如一股温泉，满含希冀。

听了妈妈的话，他若有所思，仿佛明白了什么。从此以后，每每遇到磨难，磕绊，他总是告诫自己，要做一粒站着的大米，清醒地站着，漂亮地站着。

时光匆匆，一晃15年过去了。这个孩子成了一名举重运动员，代表自己的国家参加比赛，拿了许多金牌，有媒体问他："你坚持成功的秘密是什么呢？"

他微笑着答道："并没有什么秘密，我在举重的时候，只想着一件事情，那就是举起杠铃，然后站着，像电饭煲上层的大米一样站着！"

记者席里响起了一片雷鸣般的掌声。

关于他，一直有一个秘密，母亲没有告诉他。其实，由于他出生时难产，导致脑子缺氧太久，他成了一个轻度智障的孩子……

（作者：李丹崖）

我的成长启示

要做一粒站着的大米，就要经历更多煎熬。一个人想要漂亮地活着，想取得成功，就要去战胜更多磨难。

让生命化蛹为蝶

【阅读导航】

强者能同命运的风暴抗争。

——爱迪生

加拿大有一个小孩，相貌丑陋，说话口吃，而且因为疾病左脸局部麻痹，嘴角畸形，说话时嘴巴总是歪向一边，还有一只耳朵失聪。

这个可怜的孩子的母亲陷入深深的痛苦之中："一个来到世界上没有几年的孩子，就要开始承受不幸命运的折磨，他以后怎么生活啊？"但她除了对孩子倍加爱护之外，还能做些什么呢？

然而，这孩子注定是个生活的强者。他比一般的孩子更快地走向成熟，面对别的孩子嘲笑、讥讽的话语和目光，他默默地忍受着。

他虽有自卑感，但更有奋发图强的意志。当别的孩子还在玩具上打发时间时，他已沉浸在阅读书本中，其中有很大一部分书不是儿童读物，他却读得津津有味。他从读的书中学到了坚强，学到了一种永不放弃的精神。

为了矫正自己的口吃，他模仿古代

一位有名的演说家，嘴里含着小石子儿讲话。看着嘴巴和舌头被石子儿磨烂的儿子，母亲心疼地抱着他，流着泪说："不要练了，妈妈一辈子陪着你。"

懂事的他替妈妈擦着眼泪说："妈妈，书上说，每一只漂亮的蝴蝶，都是自己冲破束缚它的茧才变成的。我要做一只美丽的蝴蝶。"

后来，他能流利地讲话了。

因为他的勤奋和善良，中学毕业时，他不仅取得了优异的成绩，还建立了良好的人际关系。

1993年10月，博学多才、颇有建树的他参加了全国总理大选。

他的对手居心叵测地利用电视广告嘲讽他的脸部缺陷，然后写上这样的广告词："你要这样的人当你的总理吗？"但是，这种极不道德的、带有人格侮辱的攻击招致了大部分选民的愤怒和谴责。

当他的成长经历被人们知道后，他赢得了选民极大的同情和尊敬。他说的"我要带领国家和人民成为一只美丽的蝴蝶"也成为名言广为传诵。

人们亲切地称他为"蝴蝶总理"。

他就是加拿大第一位连任三届的总理——让·克雷蒂安。

我的成长启示

　　人的一生中会有很多无奈和痛苦，这些是命运赠予我们的"茧"。我们要奋发图强，冲破茧的束缚，这样才能蜕变成美丽的蝴蝶。

不朽的巨人

【阅读导航】

从不为艰难岁月哀叹，从不为自己命运悲伤的人，的确是伟人。

——塞内加

米歇尔·贝楚齐亚尼是世界级的钢琴家，虽然他只活到了36岁，但是他坚强不屈的毅力、斗志昂扬的精神、紧紧把握任何一次机会的勇气，足以让他成为音乐界一座不朽的丰碑。

他是一个不幸的人。1962年，他出生于法国南部的一个小镇。7岁那年，一种叫"成骨发育不全"的软骨病改变了他的一生。一直到成年，他的身高还不足1.1米，而且他手足无力，生活无法自理，形同废人。

13岁那年，一次偶然的机会，他的父亲发现他对音乐有着浓厚的兴趣，就试着让他参与剧团演出。当时的剧团，正需要一名他这样的丑角兼配角。剧团里有位小号演奏家布鲁内，在跟贝楚齐亚尼合作几次之后，发现他在钢琴弹奏方面有着特殊的悟性，于是就把他推荐给打击乐演奏家洛马诺重点培养。在两位音乐家的帮助下，15岁那年，贝楚齐亚尼推出了个人的第一张专辑《闪光》，因为优美的旋律加上残疾人的身份，一举轰动了法国音乐界。

在音乐的熏陶下，他忘记了肉体的不便与痛苦。他的钢琴越弹越好，名气越来越大，从1987年开始，不到10年时间，他的足迹遍及纽约、伦敦、米兰、东京、巴黎等著名音乐城市，他成为名噪一时的世界级钢琴大家。

有人问起贝楚齐亚尼成功的秘诀，他说了这样一句话："我是一个不幸的人，但幸运的是，我把握住了命运的第二次机会。"

对这个"第二次机会"，贝楚齐亚尼是这样解释的："观众们第一次来看我演出，只是出于对我外表的好奇。如果不能用音乐征服他们，我就永远丧失了这次机会，他们就不会再来看我的演出了。只有音乐，与众不同的音乐，才能让他们记住我，才能给我改变命运的第二次机会。"

为了把握好这个"第二次机会"，贝楚齐亚尼付出了常人难以想象的努力：每天，他拖着残疾的躯体，在钢琴旁一坐就是8个多小时。他的左手严重变形，手掌、手腕往内倾斜，视力、听力不健全，使他行动极为不便。即使在这样的情况下，他仍是几十年如一日地坚持练习。成名之后，他每年的演出超过180场，每天8小时的练琴习惯却从未间断，直到他在钢琴琴键上折断了指骨，再也无法弹琴。

贝楚齐亚尼最终因为疾病，在36岁那年，离开了人世。离去的时候，他的身高依旧不足1.1米，但是，在音乐的王国里，在许多人心中，他是"不朽的巨人"。

我的成长启示

　　面对人生中的苦难，一些人选择了屈服，放弃了自己，成为命运的弃儿；而另一些人则选择了抗争，通过不断努力，不断超越自我，成为命运的主宰者。

耳聋的幻想家

【阅读导航】

苦难对于天才是一块垫脚石。

——巴尔扎克

康斯坦丁·齐奥尔科夫斯基是苏联著名的科学家，有"现代宇宙航行之父"的美誉。他出生在俄国梁赞省的一个美丽的村庄。在父亲的培养下，康斯坦丁从小就养成了谦虚、节俭、热爱劳动及自立的习惯。小康斯坦丁还有一个特点，那就是爱幻想。

8岁那年，母亲送给小康斯坦丁一只氢气球，并且叮嘱他道："小康斯坦丁，要拿好了，不然气球会飞走的。"小康斯坦丁小心地接过那只红红的氢气球，高兴极了，一不小心松了手，氢气球一下子就飞了出去，飘飘荡荡地越飞越高，很快就飞到了天空深处。

"康斯坦丁，妈妈刚才叮嘱过你了，你怎么还是让气球飞走了？"妈妈嗔怪道。

"妈妈，"小康斯坦丁望着越飞越高的气球，若有所思地说，"氢气球飞到哪里去了呢？"

"大概到星星上去了吧。"妈妈说。

"那么，我能像氢气球那样飞到别的星星上去吗？"小康斯坦丁好奇地问妈妈。

"那是不可能的。"妈妈回答道。

"如果我乘一只氢气球呢？就可以了吧？"

"也不行。"

童年的康斯坦丁就是这样喜欢幻想，喜欢问很多奇怪的问题。

　　但是生活对小康斯坦丁这个小幻想家来说，却是不幸的。10岁时，小康斯坦丁不幸患上了猩红热，由此所引起的严重并发症使他几乎失去了听觉。从此，他成了一个半聋的孩子。由于耳聋，小康斯坦丁上学时，听不清楚老师讲的内容，常常招致其他小朋友的嘲笑。小康斯坦丁逐渐与同学们拉开了距离，他无法继续在学校待下去了，只好辍学回到家里。母亲把全部精力都用到了对小康斯坦丁的教育上，教他读书写字，常常夸奖他有丰富的想象力。

　　可是，灾难接踵而来。两年后，母亲去世了。小康斯坦丁陷入了人生最痛苦、最忧伤的时期。但是，这些都没有击倒他，反而使他更加发愤读书，以幻想的方式忘却痛苦与烦恼，从而走上了善于独立思考的道路。

　　小康斯坦丁通过刻苦的努力，学到了许多物理知识。后来，他又爱上了设计各种模型，以此来检验自己学到的知识。在制作这些模型的过程中，小康斯坦丁学会了木工、钳工和使用其他工具的技能。

　　后来，康斯坦丁一边教书，一边做独立的研究工作。1883年，他在《自由空间》这篇论文中，

正式提出利用反作用装置作为太空旅行工具的推进动力的设想，使人类几千年来关于宇宙航行的幻想终于有了成为现实的可能，为后人开拓了一条通往星际空间的广阔道路。

1957年苏联第一颗人造卫星的升天，最终使得他的理论设想成为现实。

 我的成长启示

　　在人生道路上，挫折和困难总是伴随着我们的。在困难面前，有的人变得脆弱，失去了前进的动力；而有的人则变得坚强，继续前进，取得了更大的成绩。所以，我们必须坦然面对挫折和困难，不能让它们成为我们消沉的理由，更不能让它们削弱我们生命的价值。

李维斯的成功路

【阅读导航】

不因幸运而故步自封，不因厄运而一蹶不振。真正的强者，善于从顺境中找到阴影，从逆境中找到光亮，时时校准自己前进的目标。

——易卜生

"牛仔大王"李维斯的西部发迹史中曾有这样一段传奇，当年，他像许多年轻人一样，带着梦想前往西部，追赶淘金热潮。

一天，他发现有一条大河挡住了他前往西部的路。他苦等数日，被阻隔的行人越来越多，但都无法过河。于是陆续有人向上、下游绕道而行，也有人打道回府，更多的则是抱怨连天。而心情慢慢平静下来的李维斯想起了曾有人传授给他的一个"思考制胜"的法宝，是一段话："太棒了，这样的事情竟然发生在我的身上，又给了我一次成长的机会。凡事的发生必有其因果，必有助于我。"于是他来到大河边，"非常兴奋"地不断重复着对自己说："太棒了，大河居然挡住我的去路，又给了我一次成长的机会。凡事的发生必有其因果，必有助于我。"果然，他真的有了一个绝妙的主意——摆渡。没有人吝啬到不愿花一点点小钱坐他的渡船过河。迅速地，他人生的第一笔财富因大河挡道而获得。

一段时间后，摆渡生意开始清淡。他决定放弃，继续前往西部淘金。来到西部，四处是人，他找到一块合适的空地方，买了工具便开始淘起金来。没过多久，有几个恶汉围住他，叫他滚开，别侵犯他们的地盘。他刚理论几句，那伙人就失去了耐心，对他一顿拳打脚踢。无奈之下，他只好灰溜溜地离开。好不容易找到另一处合适的地方，但没过多久，悲剧重演，他又被人轰了出来。他在刚到西部的那段时间里，多次被欺负。终于，最后一次被人打完之后，看着那些人扬长而去的背影，他又一次想起了他的"制胜法宝"："太棒了，这样的事情竟然发生在我的身上，又给了我一次成长的机会。凡事的发生必有其因果，必有助于我。"他兴奋地反复对自己说着，终于，他又想出了一个绝妙的主意——卖水。

西部黄金不缺，但自己无力与人争雄；西部缺水，可似乎没什么人想到它。不久他卖水的生意便红红火火。慢慢地，也有人参与了他的新行业，再后来，同行的人越来越多。终于有一天，在他旁边卖水的一个壮汉对他发出最后通牒："小个子，以后你别来卖水了，从明天早上开始，这个卖水的地盘归我了。"他以为那人是在开玩笑，第二天依然来了，没想到那家伙立即走上来，不由分说便对他一顿暴打，最后还将他的水车也拆烂了。李维斯不得不再次无奈地接受现实。当那家伙扬长

而去时，他立即开始调整自己的心态，再次强行让自己兴奋起来，不断对自己说着："太棒了，这样的事情竟然发生在我的身上，又给了我一次成长的机会。凡事的发生必有其因果，必有助于我。"他开始调整自己注意的焦点。他发现来西部淘金的人，衣服极易磨破，同时又发现西部到处都有废弃的帐篷，于是他又有了一个绝妙的好主意——把那些废弃的帐篷收集起来，洗干净，就这样，他做出了世界上第一条牛仔裤！从此，他一发不可收，最终成为举世闻名的"牛仔大王"。

我的成长启示

在生活中遇到困难是不可避免的，当李维斯遭遇到一次又一次打击时，他没有气馁，而是冷静地寻找更好的办法。他用坚强的心面对变故，才成为了后来的"牛仔大王"。

每个生命都是一种行走

【阅读导航】

必须在奋斗中求生存，求发展。

——茅盾

　　罗伯斯是古巴著名的田径运动员，他被誉为古巴运动史上最伟大的英雄，而这一切都是因为他在2008年的捷克俄斯特拉发田径大奖赛男子110米栏的比赛中，创造了12秒87的成绩，一举打破了刘翔所保持的世界纪录。

　　然而很少有人知道，在参加2008年北京奥运会的两个月前，他还经历了一次死里逃生。

　　罗伯斯喜欢聚会、音乐和跳舞，对旅游更是情有独钟，他从小的理想就是作一次环球旅行。但是因为训练和比赛，这一计划每次都被搁置。

　　2008年5月，他认为时机终于到了。

　　背上厚厚的旅行包，他坐上了到埃及的飞机，他的第一站是金字塔，最后一站则是中国北京。如果不出现意外，他到北京后还能参加为期半个月的封闭训练。

　　下了飞机，他没有坐汽车，而是选择了一路小跑。凭着良好的身体素质，不出半日，他就前进了30英里。

　　中午，他简单地吃了一点儿干粮，给母亲报了个平安，准备继续前行。按照计划，他将在晚上6点到达金字塔，到时可以美美地吃上一顿丰盛的晚餐，当然还有他最喜欢的香槟。

然而，他没有料到，一个巨大的旋涡竟然会在他身后500米外形成，并以箭一般的速度向他扑来。来不及思索，他本能地往下面一倒，但还是没能幸免于难。

　　半个小时后，他才从昏迷中醒过来，他被带到了另一片沙漠里，地上一片狼藉，可食用的只有一瓶水和三个散落的饼干。更为糟糕的是，他迷了路，他不知道眼前这一片浩瀚的沙漠，何时才能走出去。

　　吃了一个饼干，等身体恢复些力气，他起身出发。此时罗伯斯清楚地知道，不管有多么艰难，他都必须走出去，否则就永远没有在"鸟巢"一展雄风的机会了。为了节省体力，他不得不放慢速度。下午，天气变得异常炎热，他渴得厉害，但他一直忍着，只有在感觉难以支撑的情况下，才小心翼翼地打开水瓶，轻微抿一口水，然后，快速地盖上。

　　一个下午加一个晚上，他不知道自己走了多远，第二天天亮的时候，他依然看不见沙漠的尽头。前后左右，都只有讨厌的黄沙相伴。

　　实在是支撑不住了，他找了个稍微感觉安全的地方躺下。一个小时后，他继续前进，累了就倒在沙子上睡一会儿，醒来了就继续走。到第三天下午的时候，他已经什么都没有了，为了生存，他不得不把自己的尿液装在了瓶子里。至于吃，他只能寻找沙漠里那些仅存的稀有小草，抹一把就塞进嘴里，如果能捡到骆驼拉下的一团干粪，对他来说已经是

最丰盛最美的晚餐了。

就是在这样恶劣得让人难以置信的环境里，罗伯斯却整整坚持了十天，与炙热的气温搏斗，与随时席卷而来的龙卷风斗智斗勇。

最后一天行走的时候，他突然看见沙波的对面有个巨大的湖泊。随着一声尖叫，他像狼一样奔过去。前面是一段水草地，他大踏步走过去，没有意识到灾难再次来临。直到身体猛然往下一沉，他才慌了，但越是挣扎，就越陷得厉害。他忽然想起看过的《长征》，脑子立刻冷静下来。他尽量把身体展开，来增大身体的浮力。五分钟后，他听到不远处有说话的声音。他大声呼叫，很快就听到了对方的回答。

他得救了。他也成为第一个经历了两场浩劫都能大难不死的明星。

面对闻讯而来的媒体，他深有感触地说："这十天带给我的比我二十年的收获还要多，因为我学会了一步步地生活。我永远都不知道出路会在脚下的哪一步，所以我只得向前，再向前。我至此才深深明白，其实，每个生命都是一种行走，坚持走下去，才会有出路！"

（作者：王国军）

我的成长启示

人生在世，可能会有许多困苦与迷惘围绕着你。只有不断地行走、追求，在逆境中奋斗、拼搏，才会找到希望，找到出路。

苦难与天才

【阅读导航】

忧患激发天才。

——霍勒斯

上帝像精明的生意人，给你一份天才，就搭配几倍于天才的苦难。

世界超级小提琴家帕格尼尼就是一位同时接受两项馈赠又善于用苦难的琴弦把天才演奏到极致的奇人。

首先，他是一位苦难者。4岁时他因一场麻疹和强直性昏厥症，差点儿进了棺材；7岁时又险些死于猩红热；13岁时患上严重肺炎，不得不大量放血治疗；46岁时牙床突然长满脓疮，只好拔掉几乎所有牙齿；牙病刚愈，他又患上可怕的眼疾，幼小的儿子成了他手中的拐杖；50岁后，关节炎、肠道炎、喉结核等多种疾病吞噬着他的身体。后来他的声带也坏了，靠儿子按口型转述他的话。他仅活到57岁，就口吐鲜血而亡。

上帝搭配给他的苦难实在太残酷无情了，但他

似乎觉得这还不够深重，又给自己的生活设置了各种障碍和旋涡。他长期把自己囚禁起来，每天练琴10～12小时。13岁起，他就周游各地，过着流浪生活。

其次，他是一位天才。他3岁时开始学琴，12岁时就举办首次音乐会，并一举成功，轰动舆论界。之后他的琴声遍及法、意、奥、德、英等国。他的演奏使帕尔玛首席提琴家罗拉惊异得从病榻上跳下来，木然而立，无颜收他为徒。他的琴声使卢卡的观众欣喜若狂，宣布他为共和国首席小提琴家。在意大利巡回演出时，他的琴声产生了神奇的效果，以至于人们到处传说他的琴弦是用情妇的肠子制作的，魔鬼又暗授他妖术，所以他的琴声才魔力无穷。维也纳一位盲人听他的琴声，以为是乐队演奏，当得知台上只他一人时，大叫"他是魔鬼"，随之匆忙逃走。巴黎人为他的琴声陶醉，早忘记正在流行的严重霍乱，演奏会依然场场爆满……

他不但用独特的指法、弓法和充满魔力的旋律征服了整个欧洲乃至整个世界，而且发展了指挥艺术，创作出《随想曲》《无穷动》《女巫之舞》和6首小提琴协奏曲及许多吉他演奏曲。欧洲很多文学艺术大师如大仲马、巴尔扎克、肖邦、司汤达等听过他的演奏后都为之激动。音乐评论家勃拉兹称他是"操琴弓的魔术师"，歌德评价他"在琴弦上展现了火一样的灵魂"，李斯特大喊："天啊，在这四根琴弦上包含着多少苦难、痛苦和受到残害的生灵啊！"

上帝创造天才的方式便是这般独特和不可思议。

人们不禁要问，是苦难成就了天才，还是天才特别热爱苦难？

这个问题一时难以说清。但人们分明知道，弥尔顿、贝多芬和帕格尼尼被称为世界文艺史上三大怪杰，居然一个成了瞎子、一个成了聋子、一个成了哑巴！——或许这正是上帝用他的搭配论摁着计算器早已计算搭配好了的。

苦难是最好的大学，当然，你必须首先不被其击倒，然后才能成就自己。

我的成长启示

"天将降大任于是人也，必先苦其心志，劳其筋骨"，帕格尼尼的人生为这句话作了最好的注解。战胜苦难，方能成就自己。

成功是苦难开出的花

【阅读导航】

每一种挫折或不利的突变，是带着同样或较大的有利的种子的。

——爱默生

2008年北京奥运会男子足球决赛在阿根廷和尼日利亚两队之间展开，结果凭借天才少年梅西的一记妙传，阿根廷队打开了胜利之门，最终夺得了奥运男足冠军。其实年少成名的梅西的成长之路并不平坦。

梅西出生于阿根廷罗萨里奥。虽然其名字在西班牙语里与"狮子"的拼写相近，但梅西清秀的面容看上去一点儿也没有狮子的杀气，而更像是一个天使。从5岁开始，梅西就在父亲执教的格兰多利俱乐部踢球，并在足球方面展现出超人的才华。8岁时梅西转往纽维尔老男孩队接受正规足球训练，并在那里打下了良好的足球基础。

正当他对未来充满无限美好的憧憬和向往时，不幸发生了。他在11岁时被医生诊断出患有发育荷尔蒙缺乏综合征，这影响到他骨骼的成长发育，几乎可以断送他的踢球前程。

虽然此时阿根廷著名足球俱乐部河床队被他的足球天赋打动，但由于缺乏足够经费为其支付每月500英镑的治疗费用，俱乐部不得不忍痛割爱。

在球探的引见下，梅西举家迁往巴塞罗那碰运气。梅西不畏病痛在足球场上显露出的天赋和灵性令人目瞪口呆。转机终于出现了，巴塞罗那足球俱乐部体育经理在观看梅西比赛后，决定为梅西支付所有治疗费用。2000年，西甲豪门巴塞罗那俱乐部毫不犹豫地签下了当时无法确定能否摆脱病痛困扰的梅西并安排他接受一流的治疗。结果梅西不仅战胜了病魔，还在2004年成为历史上代表巴塞罗那一线队参加正式比赛的最年轻的球员。随后的短短几年，梅西通过令人叹为观止的杰出表现，迅速成为一名超级明星。

2007年4月18日，梅西在对赫塔费的国王杯半决赛中攻入两球，其中一球像极了马拉多纳在1986年世界杯上对英格兰攻入的"世纪进球"：同样狂奔60米左右，同样晃过6名球员，在同样的地方以同样的角度破门。他无与伦比的踢球技术和1.69米的身高很容易让人联想到马拉多纳，媒体开始称呼他"梅西多纳"。事实上梅西不仅有马拉多纳那样在赛场之上过五关斩六将直捣黄龙的本领，还曾经在比赛中"复制"过马拉多纳的"上帝之手"。那时梅西在世界足坛受瞩目的程度已经超过了当时炙手可热的两大足球明星卡卡和罗纳尔·迪尼奥，被广泛认为是巴塞罗那和阿根廷国家队未来十年的领军人物。

梅西的成功，除了天赋之外，更离不开他对足球的热爱和为此作出的不懈努力。在走向成功的道路上，每个人都要面临许多磨难和挫折。成功者之所以成功，只有一个理由，那就是能够坦然面对并跨越人生中的种种苦难与障碍，因为成功只有经过苦难的洗礼才能够开出最美的花！

（作者：清山）

我的成长启示

天才梅西的成功也不是一帆风顺的，他的成功与他对足球的热爱和他所付出的努力是分不开的。坦然面对并跨越人生的困苦与磨难，方能化蛹成蝶。

"谎言"的力量

【阅读导航】

有了坚定的意志，就等于给双脚添了一双翅膀。

——乔·贝利

一天，5岁的约翰在大街上玩耍，由于疏忽大意，被飞驰而来的卡车撞倒了。经过医生的全力抢救，他的命算是保住了，但两只胳膊却都被截掉了。

两年以后，约翰到了该上学读书的年龄。但是，由于肢体残疾，他被学校拒之门外。每天早晨，约翰看着伙伴们高兴地去学校，便感到十分伤感，他用一种求助的眼神问妈妈："我的胳膊和手都没了，怎么办呀？"妈妈拍拍孩子的肩膀，关切地说："孩子，不要着急，只要你坚持锻炼，你的胳膊和手还会再长出来的。"听完母亲的话，约翰脸上露出了灿烂的笑容。

在妈妈的帮助和指导下，他开始学着用脚洗脸、吃饭、写字，以及做一些力所能及的事。约翰心中充满了希望，他坚信只要努力练习，失去的胳膊和

手还会再长出来。

好几年过去了，约翰发现袖口依然是空荡荡的。他感到有些疑惑，禁不住问妈妈："怎么回事呀？我的胳膊和手怎么还没有长出来呢？是不是我不够用心？"

这一次，妈妈的眼神充满了希望，温柔地说道："孩子，你好好想一想，别人用胳膊和手能做的事情，你不也都会了吗？"

"是的，我用脚代替了胳膊和手，而且，有的事情比其他小伙伴做得还要好呢！"约翰自豪地说道。

"听着，孩子，每个人都有坚强的臂膀和一双强有力的手。而这些东西都装在自己的心里，只要你愿意，它们就能帮助你战胜一切困难和挫折。"

约翰终于明白了，妈妈确实没有骗他，经过不断训练的"胳膊"和"双手"是永远也不会断的！从此，约翰更加刻苦学习，那无形的胳膊和双手帮他渡过了一次又一次的难关，最终他考上了大学，并拥有了美满幸福的人生。

（作者：李文）

我的成长启示

有形之手支撑的只是生活，而无形之手却可以支撑生命。只要拥有坚定的信念，就能战胜一切困难。

失去一条腿后

【阅读导航】

一切痛苦能够毁灭人，然而受苦的人也能把痛苦消灭！

——拜伦

弗兰克斯少校在柬埔寨的一次战斗中受伤，一块手榴弹片戳进了他的左腿。医生已确定要为他做截肢手术。

弗兰克斯毕业于西点军校，曾是校棒球队队长。他曾下定决心终生从军，但如今看来，退伍似乎是唯一的选择。尽管弗兰克斯感到自己仍有许多东西，比如作战经验、技术知识、解决问题的能力等，可以贡献给部队，不过他也知道，受过重伤的军人很少有回到部队的。他们必须通过每年一次的健康考核，包括徒步行军两英里。弗兰克斯吃不准自己安着假肢能否做到那种事情。

手术后最让弗兰克斯感到悲哀的是，他再也不能在棒球场上一展雄姿了。在每周举行的棒球赛中，轮到他击球时，都得靠别人代他跑垒。

有一天在等候击球轮次时，弗兰克斯注意到一名队友滑进了第三垒。他寻思：如果我作同样的尝试，情况会怎样呢？轮到弗兰克斯时，他一棒把球击到了场中央。他挥手叫替其跑垒者让开，自己迈动僵硬的腿，开始痛苦地奔跑。在第一垒和第二垒之间，他瞅见外野手将球抛向第二垒的守垒员。他于是闭上眼，拼命往前冲，一头滑进了第二垒。裁判喊道："安全入垒！"弗兰克斯欣慰地笑了。

几年后，弗兰克斯率领一个中队穿越恶劣的地形进行战地训练。

上司怀疑一位截肢者能否接受这种挑战，但弗兰克斯用行动作出了肯定的回答。"这使我跟士兵们的关系更为密切，"他说，"每当我的假肢陷入泥泞时，我就叮嘱自己，'这便是你无腿可站时的情形'。"

今天，弗兰克斯已晋升为上将。"失去一条腿使我认识到，限制因素的大小，取决于你的态度。"他感慨地说，"关键是要全力集中于你所拥有的，而不是你所没有的。"

我的成长启示

只看到自己失去的东西，势必会在悔恨中虚度一生；只有珍惜自己拥有的一切，才能创造新的生活。

在逆境中升腾

【阅读导航】

对于不屈不挠的人来说，没有失败这回事。

——俾斯麦

拿破仑出生于一个没落的贵族家庭，家境清贫。拿破仑的父亲为了维护家门的尊严，多方筹措费用，将拿破仑送到柏林一所贵族学校上学。

那所学校的学生大多家境优裕，个个锦衣玉食，而拿破仑则衣不蔽体，十分寒酸，常常遭受那些贵族子弟的欺辱。起初，拿破仑还勉强忍受那些同学的作威作福，但后来实在忍无可忍，便写信向父亲抱怨他的苦楚。信上说："因为贫穷，我已经受尽了同学们的嘲弄、调侃，我真不知应该怎样对付那些妄自尊大的同学。其实他们只是比我多几个臭钱罢了，在思想道德上，他们远不及我。难道我一定要在这些奢侈骄纵的纨绔子弟面前，过着低声下气的生活吗？"

父亲的回信只有短短的两句话："我们穷是穷，但是你非得在那里继续读下去不可。等你成功了，一切都将改变。"就这样，拿破仑在那个贵族学校里度过了5年，直到毕业为止。在这5年里，他忍受着同学们的各种欺负凌辱，但这却激发了他的志气，他决心要获得最后的胜利。拿破仑决定痛下苦功、充实自己，使自己将来能够获得远在那些纨绔子弟之上的权势、财富和荣誉。

拿破仑16岁时，他的父亲去世了。这对他来说是一个沉重的打击。那时他只是一名少尉，所赚的薪水，仅够他和母亲两人勉强维持生活。

在军中，拿破仑也因体格衰弱、家境贫困而处处受人轻视。因此，当同伴们利用闲暇时间玩乐时，他则独自苦干，把全部精力都放在书本上，希望依靠知识和他们一争高下。拿破仑读书有着明确的目的，他不读那些平凡无用的书来消遣解闷，而是专门寻求那些能使他有所成就的书来读。拿破仑在孤寂、闷热、严寒中，从不间断地苦学着。单单从各种书籍中摘录下来的文摘，就可印成一本四千多页的书了。此外，他更把自己当成正在前线指挥作战的总司令，把科西嘉当作交战双方的必争之地。他画了一张当地最详细的地图，用极精确的数学方法，计算出各处的距离远近，并标明某地应该怎样防守，某地应该怎样进攻。这种练习，使他的军事知识大大进步，拿破仑终于被上级赏识。从此，他开始步步高升，很快便取得了巨大的成功。

（作者：王文华）

我的成长启示

安逸的生活是一张温床，使人处于休眠状态；而逆境是人生的磨刀石，能够使人的斗志和意志得到强化。

冬天不要砍树

【阅读导航】

人的生命似洪水在奔流，不遇着岛屿、暗礁，难以激起美丽的浪花。

——奥斯特洛夫斯基

一个孩子与父亲一起来到一个小农场。孩子在玩耍时发现几棵无花果树中有一棵已经死了。它的树皮已经剥落，枝干也不再呈暗青色，完全枯黄了。孩子伸手碰了一下，只听"咔嚓"一声，枝干折断了。

孩子对爸爸说："爸爸，那棵树早就死了，把它砍了吧！我们再种一棵。"可是爸爸阻止了他。他说："孩子，也许它的确是不行了。但是，冬天过去之后它可能还会萌芽抽枝的——它正在养精蓄锐呢！记住，孩子，冬天不要砍树。"

果然，不出父亲所料，第二年春天，那棵好像已经死去的无花果树居然真的重新萌生新芽，和其他树一样在春天里展露出生机。其实这棵树真正死去的只是几根枝杈，到了春天，整棵树枝繁叶茂，绿荫宜人，和其他的树并没什么差别。

那个昔日的孩子后来成了一名小学教师。在他20多年的教学生涯中，他不止一次地遇到类似的情形。小时候背字母都结结巴巴的皮埃尔，后来竟成了一位小有名气的律师；而当年那位最淘气、成绩差得一塌糊涂的巴斯克，后来是大学的优等生，毕业后自己创办了一家红火的公司。

最不可思议的是自己的儿子布朗。他幼时不幸患了小儿麻痹症，几乎成了废人。可是小学教师记住了爸爸的话，不放弃对儿子的希望，一直鼓励他不要灰心丧气。现在，布朗顺利地完成了大学课程，担任了公共图书馆的管理员。要知道，布朗只有左手的3个手指能动弹，就是扶一扶鼻梁上的眼镜也十分困难！

"冬天不要砍树"这句话一直鼓舞着当年的那个小男孩。每当他遇到让他沮丧的事时，他都靠着这句话顺利地渡过了一个又一个家庭和事业上的难关。

只要不轻易放弃，凡事都有转机。

我的成长启示

　　未来是个未知数，坚定执着，就会等到事情出现转机；而轻言放弃，则会断送美好的未来。

你该转弯了

【阅读导航】

即使跌倒一百次，也要一百零一次地站起来。

——张海迪

在联合国总部大楼，安南接待了一个特殊人物，他就是曾经驰骋美国影坛的电影明星，"超人"克里斯托弗·里夫。

里夫因主演科幻影片《超人》的男主角"超人"而蜚声国际影坛。然而，正当他在好莱坞风光无限时，一场横祸改变了他的人生。在一场激烈的马术比赛中，他意外地摔了个"倒栽葱"。转眼间，这位世人心目中的"超人"，变成了一个永远固定在轮椅上的高位截瘫者。当他从昏迷中苏醒过来，第一句话就是：让我早日解脱吧！

为了平缓他肉体和精神的伤痛，妻子带他外出旅行。在蜿蜒曲折的盘山公路上，里夫突然发现，每当看起来前面没有路时，

就会出现一块"前方转弯！"的警示牌。而每次拐过弯之后，前方顿时柳暗花明，豁然开朗。

"前方转弯！前方转弯！前方转弯！……"这几个大字一次次冲击着他的眼球，也渐渐叩开了他紧闭的心扉：原来，不是路已到了尽头，而是该转弯了！他恍然大悟，冲着妻子大喊："我要回去，我还有路要走！"

一年后，里夫回来了。他当起了导演，执导的《暮色之中》获得多种奖项及5项艾美奖提名；他当了作家，他的自传《仍然是我》，一问世就成为畅销书，并获得格莱美最佳朗读专辑奖；他还担任了瘫痪者协会主席，四处奔走，举办演讲会，为残障人士的福利事业筹募善款。

以"十年来，他依然是超人"为题，美国《时代周刊》对克里斯托弗·里夫进行了专访。采访中，里夫在回顾自己的心路历程时说："原来，不幸降临的时候，并不是路已到了尽头，而是在提醒你——你该转弯了。"

我的成长启示

不幸降临的时候，并不是路已到了尽头，学会调整人生的方向，就会看到别样的风景。

逼出来的爵士歌王

【阅读导航】

上天完全是为了坚强我们的意志，才在我们的道路上设下重重的障碍。

——泰戈尔

在一个小酒吧里，一位年轻的小伙子正在用心地弹奏钢琴。每天晚上都有不少客人慕名而来，认真倾听他的弹奏。可是一天晚上，一位中年顾客在听了他弹奏的几首曲子后，对小伙子说："我每天都来听你弹奏这些曲子，不如你来唱首歌给我们听吧。"这位顾客的提议立刻获得了其他人的赞同，大家都纷纷要求小伙子唱歌。

然而，小伙子却变得腼腆起来，他抱歉地对大家说："对不起，我从小就学习弹奏钢琴，从来也没有学过唱歌，恐怕会唱得很难听的。"那位中年顾客却鼓励他说："年轻人，或许连你自己也不知道你是个歌唱天才呢！"小伙子固执地认为大家只是想看他出丑，于是坚持说只会弹琴，不会唱歌。这时，酒吧老板看到顾客们都很期待，就

走过来对他说："你要么唱歌，要么只能另谋出路了。"

小伙子迫于生计，只好红着脸给大家唱了一曲《蒙娜丽莎》。哪知道他这一唱，所有人都被他那自然流畅而且男人味十足的唱腔给迷住了。小伙子这才发现自己的嗓音这么好。之后，他才开始审视自己：做一个钢琴手，在酒吧里弹琴，就这样庸庸碌碌地过完这一生？光想想这些都让他无比痛苦，他想：我可以成为第一，我可以取得一些成就。

在大家的鼓励下，小伙子开始向流行歌坛进军。虽然不断遭遇挫折，但是他没有退缩，每一次遭遇困难的时候，他都问自己：这就是我想要的结果吗？难道我要回去做一个酒吧的钢琴手吗？不！不是的。这种力量支持着他，这个小伙子后来居然成为美国著名的爵士歌王，他就是著名的歌手纳京高。

要不是那次被迫开口一唱，纳京高可能永远都只是坐在酒吧里的一个三流钢琴演奏者而已。

（作者：杨先碧）

我的成长启示

多一些开拓精神，打开自己的视野，不惧怕变化和挑战，或许你会在别的领域做得更好。

没有雨伞的孩子必须努力奔跑

【阅读导航】

人生布满了荆棘，我们想的唯一办法是从那些荆棘上迅速跨过。

——伏尔泰

　　小时候，我家很穷。母亲在我3岁那年，跟奶奶闹矛盾，离家打工，十几年没有回过家。从小我就跟着父亲生活，他会打一手快板。他这一辈子，也就靠这竹板，找到一些活着的乐趣。

　　因为家里穷，我读书的钱都是向村里的大叔大伯们借的。后来，有一位城里的阿姨，通过希望工程资助我上学。我还记得上初二时，夏天到了，我唯一的一双布鞋破了，脚趾从里面露出来。第三节是体育课，为了不让同学们看笑话，我偷偷地把半张报纸折好，垫进鞋子里。可是在跳远时，我用力一蹬，随着溅起的黄沙，我的这双布鞋终于寿终正寝了——鞋帮与鞋底脱离，半个脚掌露了出来。

　　同学们都大笑起来，我面红耳赤。我知道家里穷，不敢向父亲开口。那时我多想要一双塑料凉鞋呀，同学们都穿着漂亮的凉鞋，有的还穿着丝袜。而我自己呢？只能一直赤脚上学。

　　有一天傍晚，快放学了，班主任程老师把我叫到办公室。她翻开一沓试卷，告诉我我数学考了100分。我高兴极了。程老师拉开抽屉，从办公桌里掏出一个纸盒，笑着对我说："拿去吧，这是你的奖品！"我打开，竟然是一双崭新的凉鞋。

　　从那时开始，我下定决心，要好好读书。我的成绩一直是班里的前10名，直到高三。填报大学志愿时，我矛盾了很久。家里的情况，只允许我上军校，因为军校是免学费的。这几年读书，家里已经债台高筑。但我自己却希望成为一名演员。

　　在学校除了读书，我还参加了好几个社团，经常给同学们表演快板、小品什么的。可是我不会跳舞，不会弹钢琴，也不会声乐。程老师说："你嗓子好，可以试试考表演。"离考试只有一个月，我就天天对着学校的VCD学。艺术考试时，我表演了一段快板，让考官们非常感兴趣。我就这样进了当时的北京广播学院。全国有8000多人在争20个名额，我这样一个农村小子，却进了"北广"！到北京上大学以前，我一无所有，什么都不懂。电影都没看过几部，邻居家里的黑白电视机也只能收到一个台。到了北京，我和人说话都会紧张……但是我告诉自己，要挺住，要坚强。刚进校时，班上23个同学，我排在第16名，一年下来，我成为第一名。

从大一开始，我就打工挣自己的生活费。我给公司搞商业演出，也给一些电影电视剧当群众演员，早上5点30分等在制片厂门口，干上一天，半夜回来，报酬是20元工钱和一份快餐。班上的同学几乎都来自城市，有的家境好，有的是艺术世家，吃穿不用愁，机会也多。我没有，我必须从演每一个小角色做起。演完时，导演能问一下我的名字，那就是我最大的成功，因为也许下次我会有更好的机会。

大一那一年，中央电视台《梦想剧场》做我们学校的专场，导演来选人，我被选上了。导演很欣赏我的表演，后来让我一起做节目，我还担任了一段时间的副导演。那段时间我每个月平均有10天在拍戏、配音。每天的生活，就是不断地干活，干活，再干活，多的时候一天能挣到1000元钱。闲暇时，我给父亲写信，告诉他：上学贷的款，年底就能还清了。父亲看到，一定会很开心。

到现在，我还珍藏着那双凉鞋。我永远记得程老师送我鞋子的时候，额外叮嘱我的几句话："你是一个没有雨伞的孩子，下大雨时，人家可以撑着伞慢慢走，但你必须跑……"

是的！我会一直跑下去。

（作者：周华诚）

我的成长启示

笨鸟先飞，勤能补拙。在人生的赛道上，起点在哪里并不重要，重要的是奔跑的方向和速度。

成功的失败者

【阅读导航】

一切幸福都并非没有烦恼，而一切逆境也绝非没有希望。

——培根

在外人看来，一个绰号叫斯帕奇的小男孩在学校里的日子应该是难以忍受的。他读小学时各门功课常常亮红灯。到了中学，他的物理成绩通常都是零分，他成了所在学校有史以来物理成绩最糟糕的学生。

斯帕奇在拉丁语、代数以及英语等科目上的表现同样惨不忍睹，体育也不见得好多少。虽然他参加了学校的高尔夫球队，但在赛季唯一一次重要比赛中，他输得干净利落。即使是在随后为失败者举行的安慰赛中，他也表现得一塌糊涂。

在整个成长时期，斯帕奇笨嘴拙舌，社交场合从来就不见他的人影。斯帕奇真是个无可救药的失败者，每个认识他的人都知道这一点，他本人也清清楚楚，然而他对自己的表现似乎并不十分在乎。从小到大，他只在乎一件事情——画画。

他深信自己拥有不凡的画

画才能，并为自己的作品深感自豪。但是，除了他本人以外，他的那些涂鸦之作从来没有人看得上眼。上中学时，他向毕业年刊的编辑提交了几幅漫画，但最终一幅也没被采纳。尽管有多次被退稿的痛苦经历，斯帕奇从未对自己的画画才能失去信心，他决心以后做一名职业的漫画家。

到了中学毕业那一年，斯帕奇向当时的沃尔特·迪斯尼公司写了一封自荐信。该公司让他把自己的漫画作品寄来看看，同时规定了漫画的主题。于是，斯帕奇开始为自己的前途奋斗。他投入了巨大的精力与非常多的时间，以一丝不苟的态度完成了许多幅漫画。然而，漫画作品寄出后却如石沉大海，最终迪斯尼公司没有录用他——失败者再一次遭遇了失败。

生活对斯帕奇来说只有黑夜。走投无路之际，他尝试着用画笔来描绘自己平淡无奇的人生经历。他以漫画语言讲述了自己灰暗的童年、不争气的青少年时光——一个学业糟糕的不及格生、一个屡遭退稿的所谓艺术家、一个没人注意的失败者。他的画也融入了自己多年来对画画的执着追求和对生活的真实体验。

连他自己都没想到，他所塑造的漫画形象一炮走红，连环漫画《花生》很快就风靡全世界。从他的画笔下走出了一个名叫查理·布朗的小男孩，这也是一名失败者：他的风筝从来就没有飞起来过，他也从来没踢好过一场球，他的朋友一向叫他"木头脑袋"。

熟悉斯帕奇的人都知道，这正是漫画作者本人——日后成为大名鼎鼎的漫画家的查尔斯·舒尔·茨——早年平庸生活的真实写照。

我的成长启示

　　成功者的成功，都是源于失败的积累。只要有一颗积极向上的心，执着追求，就能走出失败，迈向成功。

顶碗少年

【阅读导航】

无论何时，不管怎样，我也绝不允许自己有一点灰心丧气。

——爱迪生

有些偶然遇到的小事情，竟会令人难以忘怀，并且时时萦绕于心。因为，你也许能从中不断地得到启示，从中悟出一些人生的哲理。

那是20多年前的事情了。有一次，我在上海大世界的露天剧场里看杂技表演，节目很精彩，场内座无虚席。坐在前几排的，全是来自异国的旅游者，优美的东方杂技，使他们入迷。他们和中国观众一起，为每一个节目喝彩鼓掌。

一位英俊的少年出场了，在轻松优雅的乐曲声中，只见他头上顶着高高的一摞金边红花白瓷碗，柔软而又自然地舒展着肢体，做出各种各样令人惊羡的动作，忽而卧倒，忽而跃起……碗，在他的头顶摇摇晃晃，却总是掉不下来。最后，是一组难度较大的动作——他骑在另一位演员身上，两个人一会儿站起，一会儿躺下，一会儿用各种姿态转动着身躯。站在别人晃动着的身体上，很难再保持平衡，他头顶上的碗，摇晃得厉害起来。

在一个大幅度转身的刹那,那一大摞碗突然从他头上掉了下来!这意想不到的失误,使所有的观众都惊呆了。有些青年大声吹起了口哨……

台上却没有慌乱。顶碗的少年歉疚地微笑着,不失风度地向观众鞠了一躬。一位姑娘走出来,扫起了地上的碎瓷片,然后又捧出一大摞碗,还是金边红花白瓷碗,12只,一只不少。

于是,音乐又响起来,碗又被高高地顶到了少年头上,一切都要重新开始。少年很沉着,不慌不忙地重复着刚才的动作,依然是那么轻松优美,紧张不安的观众终于又陶醉在他的表演之中。到最后关头了,碗,又在他头顶剧烈地摇晃起来。观众们屏住了气,目不转睛地盯着他头上的碗……眼看身体已经转过来了,几个性急的外国观众忍不住拍响了巴掌。那一摞碗却仿佛故意捣乱似的,突然又摇摆起来。少年急忙摆动脑袋保持平衡,可是来不及了。碗,又掉了下来……

场子里一片喧哗。台上,顶碗少年呆呆地站着,脸上全是汗珠,他有些不知所措了。还是那一位姑娘,走出来扫去了地上的碎瓷片。观众中有人在大声喊:"行了,不要再来了,演下一个节目吧!"好多人附和着喊起来。

一位矮小结实的白发老者从后台走到灯光下,他的手里,依然是一摞金边红花白瓷碗!他走到少年面前,脸上微笑着,并无责怪的神色。他把手中的碗交给少年,然后抚摩着少年的肩胛,轻轻摇动了一下,嘴里低声说了一句什么。少年镇静下来,手捧着新碗,又深深地向观众们鞠了一躬。

音乐第三次奏响了!场子里静得没有一丝儿声息,有一些女观众,索性用手掌捂住了眼睛……

这真是一场惊心动魄的拼搏!当那摞碗又剧烈地晃动起来时,少年轻轻抖了一下脑袋,终于把碗稳住了。掌声,不约而同地从每个座位上爆发出来,汇成了一条湍急的河流。

在以后的岁月里，不知怎的，我常常会想起这位顶碗少年，想起他那一夜的演出，而且每每想起，总会有一阵微微的激动。这位顶碗少年，当时年龄和我相仿。我想，他现在一定是一位成熟的杂技艺术家了，我相信他是不会在艰难曲折的人生和艺术之路上退却或者颓丧的。他是一个强者，当我迷惘、消沉，觉得前途渺茫的时候，那一摞金边红花白瓷碗坠地时的碎裂声，便会突然在我耳畔响起。

是的，人生是一场搏斗。敢于拼搏的人，才是命运的主人。在山穷水尽的绝境里，再搏一下，也许就能看到柳暗花明；在冰天雪地的严寒中，再搏一下，一定会迎来温暖的春风——这就是那位顶碗少年给我的启迪。

（作者：赵丽宏）

我的成长启示

人的一生是拼搏的一生，只有勇于坚持的人才有可能获得成功。不管遇到多少困难挫折，不要退却，再坚持一下就会成功。

一只眼睛也能看见天堂

【阅读导航】

我们若已接受最坏的，就再没有什么损失。

——卡耐基

在法国东南部有个叫安纳西的小城，城中心的广场上矗立着一尊雕像，他是一个叫约翰尼的士兵。在二战中，约翰尼所在的部队在这里战到只剩下他一人，他却没有退走，他精准的枪法，使上百名德军把命丢在这里。最后，他在敌人的围攻下壮烈牺牲。战争胜利后，小城的人民为了纪念他，在广场上竖起了这尊雕像。

可就在这一年，约翰尼的雕像却时常发生怪事。有一天早晨，人们发现雕像的左眼被人用泥封住了，清洁工人把泥弄掉后，第二天，却依然发生了同样的情况。为此，人们自发地组成夜巡队，试图抓住恶作剧者，可是一连几晚都没有进展，而那块泥依然神不知鬼不觉地出现在雕像的左眼上。正当人们一筹莫展之际，一位名叫帕克的老人自告奋勇地站出来，说要单独解决这件事。

那天上午，帕克老人来到雕像对面的那片平民区，最后，他站在了一户人家的门前，举手敲门。良久，门开了一条缝，一个十四五岁的小孩探出头来。老人说："我路过这里，可以进去坐一会儿吗？"小孩犹豫了一下，还是把门打开了。在院子里坐下后，老人缓缓地问："小提米拉，告诉我，你为什么要这样做？"小孩吃了一惊。老人笑了，说："我知道是你做的，虽然我没有亲眼看见。不过你别害怕，我是不会说出去的！"小提米拉盯着帕克老人看了好一会儿，才问："你是怎么知道我的名字的？又怎么知道是我干的？"老人点点头，说："几年前我就知道你，一场意外使你的左眼失明，从此你就被许多人嘲笑，你的事这一带有谁不知道呢？"

沉默了好一会儿，小提米拉抬起头，右眼中射出仇恨的光来。他恨恨地说："你知道他们叫我什么吗？他们叫我独眼鬼！还有不少小孩向我扔石头，跟在我后面辱骂我。我要把他们心目中的英雄也弄成独眼鬼。"小提米拉有些得意地继续说："我自制了一把枪，把泥巴团成丸装进去，然后爬上房顶，就射在雕像的左眼上了！"老人哈哈大笑，一边鼓掌一边说："真是聪明，枪法也准，这么远的距离，那么暗的路灯，你居然能瞄得那么准！"小提米拉垂下头来，说："我瞄得准，是因为我只有一只右眼！"

老人站起来，用手摸了摸小提米拉的头，说："孩子，这个雕像，也就是约翰尼士兵，在那段战争的日子里，他用一只眼睛的时候也是最多的。他要在城里狙击敌人，要闭上左眼瞄准，他枪法那么好，就是因

为只用一只右眼。而你的枪打得这么准，也是只用一只眼睛的缘故。所以，不要抱怨上帝对你不公平，也不要痛恨那些嘲笑你的人，命运夺去了你的一只眼睛，是为了让你把目标看得更清楚、更准确！"小提米拉的右眼淌出泪水来。帕克老人转身向门口走去，出门前撞到了墙上，他回头笑着说："忘了告诉你，小提米拉，我的双目许多年前就失明了，你这个院子我不熟悉，才会撞到墙！"

从此，雕像的左眼上再也没有泥出现，人们也渐渐淡忘了此事。几年之后，在全法的射击大赛中，一个独眼的人一举夺魁，而且是历届冠军中唯一的满环。站在领奖台上，提米拉的右眼中放出热切而坚定的光来，再无怨怼与愤恨。因为他明白，一只眼睛中的世界，也可以是完整而美丽的！

（作者：包利民）

我的成长启示

上帝在给你关上一扇门时，一定会再为你打开一扇窗。只要有一颗明净的心，看到的世界就是完整而美丽的。

走进兵器世界，感受铁血军魂

一 世纪名枪 柯尔特M1911A1手枪

兵器档案

- 型　　号：柯尔特M1911A1
- 全枪长：216毫米
- 全枪重：1.13千克
- 口　　径：11.43毫米
- 初　　速：253米/秒

　　M1911A1作为世界名枪，其优秀的战斗力是世界公认的。它最引人注目的是其超重的弹头，威力强大。

　　使用这种手枪能给射手带来强烈的安全感，因为它除了火力强大外，还采用了枪管短后坐式自动方式和勃朗宁独创的枪管偏移式闭锁机构，具有极强的可靠性，被誉为"忠诚卫士"。

二 好莱坞宠儿 以色列"沙漠之鹰"手枪

兵器档案

- 型　　号："沙漠之鹰"手枪
- 有效射程：200米
- 枪体全长：260 毫米
- 出膛速度：378 米/秒

　　大名鼎鼎的半自动手枪"沙漠之鹰"（Desert Eagle）的最初设计是美国人在20世纪80年代初完成的，后来成为以色列军事工业公司（IMI）的拳头产品。IMI公司对销往美国的"沙漠之鹰"只生产零部件，将之运往美国后再进行组装。

　　"沙漠之鹰"可使用多种大威力枪弹，杀伤力堪比小口径步枪，有效射程为200米，为手枪之冠。"沙漠之鹰"外表彪悍，是"强大震慑力手枪"的代表。游戏《反恐精英》也将"沙漠之鹰"列为王牌武器，一把AWP狙击步枪加一把"沙漠之鹰"成为游戏迷们的执着选择。

第 3 章

用自信乐观
打倒失败

　　一个人快乐与否，不在于他处于何种境地，而在于他是否拥有一颗乐观的心。自信是人生的驱动力，是一种积极的态度和向上的激情，是成功的第一要诀。乐观的态度，自信的精神，可以使人充实而又富有，是人生别样的财富。

千万别太在意"下下签"

【阅读导航】

人生的道路都是由心来描绘的。所以，无论自己处于多么严酷的境遇之中，心头都不应为悲观的思想所萦绕。

——稻盛和夫

一次，美国实业界巨子华诺密克参加一年一度在芝加哥举行的美国商品展览会。他的运气不佳，根据抽签的结果，他的展位被分配到了一个极为偏僻的角落处。所有员工都为这个结果倒吸一口冷气，因为这个地方是很少有人光顾的，更别说看他们的样品了。鉴于他的运气"糟透了"，替他设计展位的装饰工程师萨蒙逊劝他放弃这个展览，别花那些冤枉钱了，等明年再来参展。

但华诺密克却不以为然，反而对萨蒙逊说："问你一个问题，你认为是机会来找你，还是由你自己去创造机会呢？"萨蒙逊回答说："当然是由自己去创造了，任何机会都不会从天而降！"华诺密克听后愉快地说："现在，摆在我们面前的难题，将是促使我们创造机会的动力。萨蒙逊先生，多谢你这样关心我，但我希望你将关心我的热情用到设计工作上去，为我设计出一个美观而富有东方色彩的展位。"

萨蒙逊开始冥思苦想，最后，他果然不负重托，设计出了一个古阿拉伯宫殿式的展位，展位前面的大路变成了一个人工做成的大沙漠，当人们从这儿经过时，仿佛置身于阿拉伯世界一样。华诺密克满意极了，他吩咐后勤主管让新雇来的那254个男女职员一律穿上阿拉伯国家的服饰，特别要求女职员都要用黑纱把面孔下部遮盖住，只露出两只眼睛，再派人买来6只骆驼做运输货物之用。同时，他还派人做了一大批气球，准备在展览会上使用。当然，所有这一切都是秘密操作的，任何人都不得泄露出去，否则，一律开除。

华诺密克的阿拉伯式展位一做成，就引起了人们的种种猜想。更让人想不到的是，一些记者对这别具创意的造型拍照并进行了报道，更引起了人们的兴趣。

开展后，展览会上空飞起了无数色彩斑斓的气球。这些气球是被精心设计的，升空不久便自动爆破，变成一片片胶片纷纷洒落下来。有人好奇地捡起一看，只见上面写着："当您捡到这枚小小的胶片时，亲爱的女士或先生，您的好运气开始了，我们衷心祝贺您！请您拿上这枚胶片到华诺密克的阿拉伯式展位前，换取一个阿拉伯式的纪念品。谢谢您！"这下，华诺密克的展位前人头攒动，人们纷纷跑过去领取纪念品，反而冷落了处于黄金地段的展位。

第二天，芝加哥城里又升起了不少华诺密克的气球，引起了更多市民的关注。45天后，展览会结束了，华诺密克公司共做成了2000多宗买卖，其中有500多宗的买卖都超过了100万美元，大大出乎华诺密克的预料。而且，据组委会统计，他的展位成了该次展览会中游客光顾最多的展位。

生活中，往往就有很多这样的绝境，再坏一点儿，便是希望的开始，只要你善于为自己谋划。

（作者：祝师基）

我的成长启示

生命中我们会抽到很多的"下下签"，也许是疾病，也许是挫折，也许是苦痛……无论它是什么，我们都要以乐观的心态去面对，在绝境中找到曙光，获得最终的胜利。

一辆只值两块钱的车

■ **【阅读导航】** ■

> 一切的和谐与平衡，健康与健美，成功与幸福，都是由乐观与希望的向上心理产生与造成的。
>
> ——华盛顿

奥立佛在一家公司里做小职员，虽然收入不高，但他每天总是乐呵呵的，对什么事都表现出乐观的态度。他常说："碰到什么事都应该朝好的方面想，不要总是被已经发生的坏事所困扰，那样会一直活在过去的痛苦阴影中。"

奥立佛很爱车，但是凭他每月仅够糊口的收入，想买一辆车是不可能的。与朋友们在一起玩儿的时候，他总是说："等我有了钱，不买房子都要先买一辆车，以后吃在车里，住在车里。"每次说这种话的时候，奥立佛的眼中都充满了无限向往。

他的朋友逗他说："你去买彩票吧，要是中了奖，你就可以买一辆车了！"奥立佛听了朋友的话，抱着买着玩儿的心理花了两块钱买了一张彩票。可能是上帝听见了奥立佛想要一辆车的愿望，奥立佛那张两块钱的彩票，居然真的中了一个超级大奖。

奥立佛终于如愿以偿，他在第一时间拿着钱跑到汽车市场买了一辆车，是一辆丰田越野车，看起来特别威风，朋友们都很羡慕。从此，奥立佛每天上下班的时候都开着他的新车，脸上总是洋溢着开心的笑容。他逢人便说："要搭顺风车吗？我有车了。"

天有不测风云。在一个周末的晚上，奥立佛带着女友去电影院看电影，把车停在了电影院外面的马路边上，等看完电影出来时，他发现自己的新车不见了。

朋友们知道这个消息后，想到他爱车如命，但他刚买不久的新车说没就没了，都担心他受不了这个打击，便相约来安慰他："奥立佛，车丢了就丢了，你千万不要太痛苦啊！"奥立佛大笑起来，说道："嘿，我为什么要那么痛苦啊？"朋友们以为他受不了打击变得有点儿傻了，都很担心地望着他。

这时，奥立佛接着说道："如果你们谁不小心丢了两块钱，会痛苦吗？"

"就两块钱，我当然不会痛苦了！"有人说。

"是啊，我那辆车不就是两块钱换来的吗？我丢的仅仅是两块钱而已啊！"奥立佛笑道。

当我们一无所有的时候，往往不会想那么多，因此也没有太多心理负担。但是一旦我们取得了一些成就，就变得犹豫不决、患得患失了。因为以前囊中无物，当然无所谓得失，现在有一些基础了，就害怕失去这个，失去那个。在害怕失去的同时，又期望什么都得到，想要这个，想要那个，所以才会痛苦。

我的成长启示

奥立佛是一个乐观积极的人，他从生活中看到的是满足和希望，得到的是幸福和快乐。不同的心态造就不同的境遇。如果你用乐观的态度去看待世界上的事情，那么即使是挫折甚至是苦难，你也能从中找到乐观的理由，进而化解挫折与苦难。

寻找一束光

【阅读导航】

永远以积极乐观的心态去拓展自己和身外的世界。

——曾宪梓

福勒的家境不好，为了生计，他5岁参加劳动，9岁之前就像大人一样以赶骡子为生。在母亲的鼓励下，他开始思考如何致富。他选择了肥皂业，于是，他像很多推销员那样，挨家挨户地推销肥皂。12年后，他终于积蓄了2.5万美金。这点儿钱在当时对他来说是多么重要啊！

正好，福勒获悉供应他肥皂的那家公司要出售，售价是15万美金。福勒兴奋极了，由于兴奋，他竟然忘记了自己只有2.5万美金。他与那家公司达成协议，先交2.5万美金作为保证金，然后在10天之内付清余款，否则，那笔保证金——也就是他的全部财产——将不予退还。福勒兴奋地说了一个字："行！"

这时福勒其实已经把自己逼上绝路，但他感到的不是绝望，而是成功的兴奋。是什么使他敢于如此冒险呢？是那个致富的念头，是他对人生积极乐观的心态。

福勒开始筹钱。由于做了12年的推

销员，他在社会上建立了很好的人脉关系。朋友们借给他11.5万美金，只差1万美金了。但是，这时已经是规定的第10天的前夜，而且是深夜，所以那1万美金就不是小问题了。福勒发愁了，但是，致富的念头和积极乐观的心态鼓励着他，他没有绝望。他在深夜再次走上街头。

成功之后的福勒回忆说："当时，我已用尽我所知道的一切资金来源。那时已是深夜，我在幽暗的房间中跪下祈祷，祈求上帝引导我见到一个能及时借给我1万美金的人。我驱车走遍大街，直到我在一幢商业大楼里看到那一束灯光。"

当时已是深夜11点。福勒走进那幢商业楼，在昏黄的灯光里看到一个由于工作而疲惫不堪的先生。为了顺利履行那份购买肥皂公司的协议，福勒忘记了一切，心中只有乐观、勇气和智慧。他不假思索地说："先生，您想赚到1000美金吗？"

"当然想喽……"那位先生因为这个突如其来的好运气而惊讶。

"那么，给我开一张1万美金的支票，等我归还您的借款时，我将另付您1000美金的利息。"于是，福勒讲述了他面临的困境，并把有关的资料给那位先生看。最后，福勒拿到了那1万美金。

这便是福勒最著名的"寻找灯光"的故事。

福勒经过12年的潜心经营，终于在那天深夜碰到了机遇，此后一发而不可收，后来终于迈进了世界巨富的行列。

我的成长启示

为什么有些人遇到困难会迎头而上？因为他们有积极乐观的心态，他们坚信，在困难的后面隐藏着成功的秘密。福勒乐观、勇敢，在那束光的召唤下，走向成功。

积极的心态带来成功

明智的人决不坐下来为失败而哀号，他们一定乐观地寻找办法来加以挽救。

——莎士比亚

5年前，斯蒂芬·阿尔法经营的是小本农具买卖。他虽然过着平凡而又体面的生活，但对此并不十分满意。他们一家的房子太小，也没有钱买他们想要的东西。阿尔法的妻子并没有抱怨，很显然，她安于天命，并没有感觉不幸福。

但阿尔法的内心深处变得越来越不满意。当他意识到爱妻和两个孩子并没有过上好日子的时候，心里感到深深的刺痛。

但是如今，一切都有了极大的变化。现在，阿尔法有了一个漂亮的新家。他和妻子再也不用担心能否送他们的孩子上一所好的大学了，他的妻子在花钱买衣服的时候也不再有那种犯罪的感觉了。明年夏天，他们全家将去欧洲度假。阿尔法过上了真正幸福的生活。

阿尔法说："这一切的发生，是因为我利用了信念的力量。5年前，我听说底特律有一个经营农

具的工作。那时，我们还住在克利夫兰。我决定试试，希望能多挣一点儿钱。我到达底特律的时间是星期天的早晨，但公司与我的面谈还得等到星期一。晚饭后，我坐在旅馆里静思默想，突然觉得自己是多么可恶。'这到底是为什么？'我问自己，'失败为什么总属于我呢？'"

阿尔法不知道那天是什么促使他做了这样一件事：他取了一张旅馆的信笺，写下5个他非常熟悉的、在近几年内远远超过他的人的名字。他们获得了更多的财富和更高的职位。其中两位原是邻近的农场主，现已搬到更好的地区去了；还有两位阿尔法曾经为他们工作过；最后一位则是他的妹夫。

阿尔法问自己：这5位朋友的优势是什么呢？他把自己的智力与他们作了一个比较，阿尔法觉得他们并不比自己更聪明；而且他们所受的教育，他们的品格，个人习性，等等，也并不具有任何优势。终于，阿尔法想到了一个成功的因素——自信心。阿尔法不得不承认，他的朋友们在这点上胜他一筹。

当时已快深夜3点钟了，但阿尔法的脑子还十分清醒。他第一次发现了自己的弱点，发现他缺少自信心是因为在内心深处并不看重自己。

阿尔法坐着度过了残夜，回忆着过去的一切。从记事起，阿尔法便缺乏自信心，他发现过去的自己总是在自寻烦恼，总对自己说不行，不行，不行！他总在表现自己的短处，他所做的一切几乎都表现出了这种自我贬值。

阿尔法终于明白了：如果自己都不信任自己的话，那么将没有人信任你！

于是，阿尔法作出决定："我一直都是把自己当成一个二等公民，从今以后，我再也不这样想了。"

第二天上午，阿尔法仍保持着那种自信心。他暗暗将这次与公司的面谈作为对自己自信心的第一次考验。在这次面谈以前，阿尔法希望自己有勇气提出比原来收入高750美元甚至1000美元的要求。但经过这次自我反省后，阿尔法认识到了他的自我价值，因而把这个要求提到了3500美元。结果，阿尔法达到了目的，他获得了成功。

世界上许多困难的事情都是由那些自信心十足的人完成的。如果你有了强大的自信，成功离你就近了。

（作者：杨柳）

我的成长启示

想一想我们与成功者之间的差距，也许并不是那么巨大，我们缺少的只是对自己的肯定。一个自信的人敢于接受挑战，并且能把挑战转化为自己的机会，让自己拥有成功的可能。

做自己能够做得最好的事情

【阅读导航】

"不可能"这个词，只在愚人的字典中找得到。

——拿破仑

艾萨克·阿西莫夫，为美国当代最著名的科普作家、世界顶尖级科幻小说作家、美国科幻小说黄金时代的代表人物之一，同时也是位文学评论家。他著述颇丰，一生著述近500本，其中有100多部科幻小说，早已达到了"著作等身"的地步。他曾获代表科幻界最高荣誉的"雨果奖"和"星云终身成就'大师奖'"。

当阿西莫夫取得惊人的成绩时，人们曾请他简述一下自己的经历，他说："我决定取得哲学博士学位，我做到了；我决定娶一位非同寻常的姑娘，我做到了；我决定写故事，我做到了；然后我决定写小说，我做到了；后来我又决定写论述科学的书，我也做到了；最后，我决定成为一位代表整个时代的作家，我确实变成了这样一个人。"

这些幽默风趣的话，只有自

信十足的人才能说得出来。

阿西莫夫的自信不是没有道理的，因为他有自知之明，他还拥有丰富的知识。

阿西莫夫曾在波士顿大学的实验室里工作过，但是他在那儿断定：自己的前途是在打字机上，而不是在显微镜下。他回忆道："我明白，我决不会成为一个一流的科学家，但是我可能成为一个一流的作家。就这样，我作出这样的选择：做我能够做得最好的事情。"

于是，他以惊人的速度不停地写啊，写啊……不，更精确地说，是在打字机上打啊，打啊……他的大脑和双手一样，简直没有停歇的时候，因为在他的脑海中，同时酝酿的作品从来不少于3个。一星期7天他都坐在堆满了各种各样的书籍报刊的办公桌旁，每天至少打字8个小时。他以每分钟90个字的速度边打边构思，但手指的动作仍跟不上他风驰电掣般的思绪。他常常一个星期就能写出一部书，他的手稿刚从打字机上取下就直接送给了排字机。阿西莫夫已经成为当代百科全书式的杰出人物。他的精神感人之深，他的巨著影响之大都是罕见的。

我的成长启示

在充分了解自己的特长和潜质的基础上，相信自己能够成为什么样的人，并付出相应的努力，你就会成为什么样的人。阿西莫夫成功的原因就在于他拥有自信，这种自信让他在追求成功的道路上永不放弃，最终到达成功的彼岸。

天才的秘诀

> 要有自信，然后全力以赴——假如具有这种观念，任何事情十之八九都能成功。
>
> ——威尔逊

小男孩一直很自卑，贫寒的家境使他觉得自己处处低人一等。别的同学都有时髦的衣服，他没有；别的同学都有新颖的文具，他没有；别的同学都有诱人的零食，他没有……在学校里，小男孩总是低头走路，一碰到不三不四的学生，他便赶紧躲开。纵然如此，他仍常常无缘无故地成为别人的出气筒，可怜的他，连还手的勇气都没有……受尽欺负的男孩常在心里问自己："我什么时候才能比别人强一点儿呢？"但他始终没有找到答案。

有一天，老师带着全班同学来到一家生产水果罐头的工厂。那家工厂的设备非常简陋，每天依靠工人用双手洗刷成千上万个罐头瓶子。那些瓶子都是回收过来的，很脏，一不小心还会把手划破。孩子们的任务就是洗刷那些瓶子。为了激励孩子们，老师宣布开展竞赛，看谁刷得最多。

小男孩站在同学中间，听到老师的号召，心里一阵激动，他从来没有得到过"第一"，那一刻他下定决心，一定要得到它。

他很快就学会了所有的刷瓶程序，刷得非常认真，一个接一个，一整天都没有停下来，一双小手被水泡得起了一层白皮。结果，他刷了108个，是所有孩子里面刷得最多的。当老师宣布这一结果时，小男孩兴奋得满脸放光，那种极度快乐的体验，一直留在了他的记忆中。

也就是从那一天起，当时10岁的小男孩知道自己的生活从此完全不同了。他开始抬起头来走路，而在他的内心深处，一种从未有过的力量正不断涌出，似乎有一座火山，正在他的体内爆发。得了第一的他一下子明白了，无论什么事情，只要他肯干，就一定可以干好。他开始玩儿命地去做自己想做的事情，尽管最初他对那些事情并没有什么把握，可他坚信，只要坚韧不拔地努力下去，就一定能够得到自己想要的东西。

果然，这个名叫"周明"的小男孩一路顺利地走了下来，先后获得重庆大学计算机专业学士学位、哈尔滨工业大学计算机专业硕士学位、哈尔滨工业大学计算机专业博士学位。他拥有数项重大发明，曾三次荣获部级科技进步二等奖，他研制开发的商品——中日、日中翻译软件，是当时公认的世界领先的中日、日中机器翻译软件。

如今的周明是微软亚洲研究院的主任研究员，是计算机自然语言领域公认的最为优秀的科学家之一。

谈及今天的成就，周明念念不忘当年的"108个瓶子"。当年正是从手中的108个瓶子上，他发现了天才的全部秘密，那就是——不要小看自己。

（作者：苇笛）

我的成长启示

当你相信自己能够做到的时候，你就一定可以做到。即使再强大的阻碍也会变得渺小，这就是自信的力量。"不要小看自己"，虽然只是一句简单的话，却改变了无数人的命运。

告诉自己：我行

【阅读导航】

你若说服自己，告诉自己可以办到某件事，假使这事是可能的，你便办得到，不论它有多艰难。相反的，你若认为连最简单的事自己也无能为力，你就不可能办得到，而鼹鼠丘对你而言，也会变成不可攀的高山。

——艾米丽·顾埃

一个小男孩，从小就长相丑陋，脸上坑坑洼洼，并且声音嘶哑，讲话结结巴巴，反应也总是比别人慢上半拍。为此，他常常遭到小伙伴们的讥讽和嘲笑。

他出生在一个贫穷的家庭，父亲是个鞋匠，一日三餐，只能勉强充饥。他9岁丧母，仅受过18个月的非正规教育。相对于同龄的小朋友，他很不幸。但幸运的是，继母对他视如己出。有时，即使是一道最简单的演算题，他也要做上半个小时；一件再容易不过的小事，也总是被他搞得一团糟。继母从没有责备过他，相反，却鼓励他："任何时候，不要在乎别人怎么看你，你只要对自己说'我行'，就可以了。"

长大后，为了谋生，他当过俄亥俄河上的摆渡工、种植园的工人、石匠、店员和木工，曾11次遭到雇主辞退。

1831年，他开始自己创业，但由于资金不足，无法运转，公司仅仅惨淡经营了两年，就宣告破产。

1833年，他再次向朋友借钱经商，但不到年底就又破产了。接下来，他花了整整16年时间，才把欠下的债务还清。

1836年，他通过自身努力，成为一名律师。在这期间，他更加深入地了解到美国底层社会民众的悲惨生活，他意识到，要想拯救民众于水深火热之中，必须通过政治手段。从此，他决定涉足政界。在接下来近20

年的时间里，他曾屡次当选州议员、国会议员，但8次竞选总统，8次落败。

1856年，他在共和党的全国代表大会上争取副总统的提名，他的得票还不足100张，再一次惨遭失败。

即便如此，他也从没有退缩，他牢牢记住了继母的话："在任何恶劣的环境下，都告诉自己，我行！"

在一次总统竞选中，有记者问了这样一个刁钻的问题："假如，现在由你们两个人自己来投票决定总统的人选，你会把这关键的一票投给谁？"竞争对手耸了耸肩，很平静地回答："我拒绝回答这个问题，谁能当选总统，这应该由伟大的民众来决定。"他却勇敢地向前迈了一大步，大声说："我会把这一票投给自己，因为只有我，才最适合做你们的领导人。"全场顿时响起了一片雷鸣般的掌声。

他就是亚伯拉罕·林肯，美国第16任总统。30年前，他是一个任何人都瞧不起的穷小子，30年后，他成了美国历史上最伟大的总统之一！

即使成为总统，林肯的长相也常被政客攻击，他们认为他其貌不扬，有伤国体。在他逝世后，科学家对他两边脸部的石膏像进行研究，证实了他有半边小脸症的病状。而据林肯的警卫回忆：当林肯左眼向上转动的时候，右眼竟完全不动。种种迹象充分表明，林肯患有天花和小儿麻痹症。但就是这样一个近乎先天残疾的人，领导了拯救联邦和结束奴隶制度的伟大斗争，使美国进入了经济发展的黄金时代。

托尔斯泰曾说："你自己愿意躺下，没有任何人能够扶你起来。"很多时候，成功的定义就是这么简单。不管别人如何轻视和敌视你，只要你勇于对自己说"我行"并且敢做敢闯，这世界上就没有做不成的事情。

我的成长启示

"我行"是一种信心，常使"不可能"消失于无形。信心是一种来源于内心深处的强大的力量，这种力量一旦形成，你就会产生一种毫无畏惧、战无不胜的感觉。面对挫折，永不退缩，你便能看到彼岸闪烁的希望之光。

因为耗子鼓起人生的自信

【阅读导航】

我们对自己抱有的信心，将使别人对我们萌生信心的绿芽。

——拉罗什富科

吴鹰是UT斯达康的创始人。他曾被美国《商业周刊》评选为"亚洲之星"之一。

1985年，吴鹰带着30美元只身离开了祖国。到达新泽西州后，吴鹰身上只剩下27美元了，他决定先从最苦最累的搬运工干起。

做搬运工时，吴鹰和一些难民、偷渡客在一起，每天都承受着繁重的体力劳动。高强度的劳动让他精疲力竭，他真有点儿支撑不住了。一天，大家都休息了，老板却指名道姓让吴鹰进仓库把粘在老鼠胶上的死耗子抠下来。原来，为了防止耗子在仓库里肆意横行，管理员就放了许多老鼠胶在角落里，老鼠一旦粘上就无法脱身，但死耗子的尸体如果不及时清理，就会发臭。

"为什么别人都可以休息，却让我一个人去干？"吴鹰心里很不平衡，但他却没有理由不去做。当捏

着一只只软绵绵的死耗子时，吴鹰的胃里一阵又一阵地翻腾，差点儿把吃的东西全吐出来。

吴鹰心里很不是滋味，想想在国内自己是受人尊敬的大学老师，虽不十分富裕，但起码还有社会地位，千辛万苦地跑到美国，难道就是为了干这样的活？望着一堆死耗子，吴鹰咬牙在心里发誓：不在美国混出点儿名堂决不回国。

半年后，一则招聘广告引起了吴鹰的注意，当地一位著名的教授要招一名助教。

这可是一个难得的机会，收入丰厚，又不影响学习，还能接触到最先进的科技资讯，但当吴鹰赶去报名时，那里已经挤满了人。

经过筛选，取得报考资格的各国学者有30多人，成功的希望实在渺茫。考试前几天，几位中国留学生使尽浑身解数，打探起主考官的情况来。几经周折，他们终于弄清了内幕——主持这次考试的教授曾在朝鲜战场上当过中国人的俘虏！

中国留学生们一下傻眼了："看来，中国人肯定没戏。只有最愚蠢的人才把时间花在不可能的事情上！"他们纷纷宣告退出。

吴鹰的一位好友也劝他："算了吧，别自讨没趣了！多洗几个盘子，好歹也能挣点儿学费！"但吴鹰还是如期参加了考试。他当时也没抱太大的希望，但他想，自己连死耗子都抠过，还怕这个做过中国人俘虏的考官？吴鹰的自信使他放得很开，完全融入了助教的角色中。

"OK！就是你了！"当教授给吴鹰肯定的答复后，微笑着说，"你知道我为什么录用你吗？"吴鹰诚实地摇摇头。

"在所有的应试者中，你并不是最好的，但你的自信心却远远地超过了他们，他们看起来好像很聪明，其实不然。我需要的是一个很好的助教，没必要扯上几十年前的事。我很欣赏你的勇气，这就是我录用你的原因！"

走出考场的吴鹰立刻被同学们围了起来。听说他被录用了，那几位中途退出的留学生后悔不已：多好的机会被自己错过了！后来吴鹰才听说，教授当年是做过中国军队的俘虏，但中国士兵没有为难过他，他至今还念念不忘。

（作者：李先昭）

我的成长启示

无论是学习还是干事业，决定成功的关键因素并不是一个人的天赋，自信心才是第一位的。有自信心的人，无论面前的困难多大，面对的竞争多强，总会感到轻松平静。当你拥有自信心之后，原本不能轻易解决的问题也能在不经意间迎刃而解，然后品尝到成功的滋味。

认识自己的价值

【阅读导航】

深窥自己的心，而后发觉一切的奇迹在你自己。

——培根

有一位经理，他把多年以来的所有积蓄全部投资在一个小型制造业项目上，由于世界大战的爆发，他无法取得工厂所需要的原料，只好宣布破产。

金钱的丧失，工厂的倒闭，使他大为沮丧。他认为是他把家人害得没有了一切，于是他离开妻子儿女，成为一名流浪汉。过去的一幕幕时常在他的脑海里上演，他对于这些损失无法忘怀，于是总徘徊在过去，不肯为今后的日子打算，而且越来越难过。到最后，甚至想要跳湖自杀。

一个偶然的机会，他看到了一本名为《自信心》的书。这本书说的是怎么样才能够把人的信心建立起来，特别是在你的生活、工作崩溃了以后，如何重新恢复信心。当他看完之后，他决定找到这本书的作者，请作者帮助自己再度站起来。

经过四处打听，他终于找到了作者。听完他的故事后那位作者却说："我已经以极大的兴趣听完了你的故事，我希望我能对你有所帮助，但事实上，我爱莫能助。"

流浪汉的脸立刻变得苍白，他沉默了几分钟，然后低下头，喃喃地说道："这下完蛋了。"

作者停了几秒钟，然后说道："虽然我没有办法帮你，但我可以介绍你去见一个人，他可以协助你东山再起。"

然后作者把他带到一面高大的镜子面前，用手指着说："我介绍的就是这个人，在这世界上，你只有靠这个人的帮助才能够东山再起。但是你必须安静地坐下来，好好地看清楚他，彻底地认识他，否则你只能跳到密歇根湖里。因为在你对这个人作充分的认识之前，对于你自己或这个世界来说，你都将是个没有任何价值的废物。"

他朝镜子前走了几步，对着镜子里的人从头到脚打量了几分钟，然后退了几步，低下头，开始哭泣起来。等了一会儿，他就走了，也没对作者说什么。

几天后，这个人终于出现在了街上，作者在街上碰到这个人时，几乎认不出来了：他的步伐轻快有力，头抬得高高的，他从头到脚打扮一新，看起来是很成功的样子。

作者看到后，有点儿不敢相信自己的眼睛，走过去打了个招呼。当初的流浪汉很兴奋地说："那一天我离开你的办公室时还只是一个流浪汉。我对着镜子找到了自信。现在我有了一份月薪3000美元的工作。老板预支一部分钱给我家人。我现在又走上成功之路了。"顿了顿，他接着又风趣地对作者说："我正要前去告诉你，将来有一天，我还要再去拜访你一次。我将带着一张支票，签好字，收款人是你，金额是空白的，由你填上数字。因为你使我认识了自己，幸好你要我站在那面镜子面前，把真正的我指给我看。"

我的成长启示

　　自信心是一个人活下去与做事情的支撑力量，没有了它，就等于自己给自己判了死刑。有了自信，才能充分认识自己，使自己能够承受各种考验、挫折和失败，敢于去争取最后的胜利。只要有自信，任何困难都不是你的对手！

自信让小泽征尔获得了成功

【阅读导航】

要是没有自信心，那实在糟糕！要是你不相信自己，或者怀疑自己，那是再糟糕也没有了。

——契诃夫

小泽征尔是当今世界上极负盛名的新一代指挥大师，他是与阿巴多、马泽尔、普列文和梅塔等人一个等级的。现在，人们常将他与印度指挥家祖宾·梅塔和新加坡指挥家朱晖一起誉为"世界三大东方指挥家"。

小泽征尔是20世纪指挥史上的一位指挥奇才，他是那种非常善于利用自己的技巧和风格来使乐队发挥潜力和制造辉煌音响效果的指挥家，同时，他也是一位十分善于用自己的情感来揭示作曲家作品内容的杰出大师。他对待艺术的严肃认真的态度和勤奋追求的刻苦精神，的确是很多人都望尘莫及的。当人们看到站在指挥台上的，以自己全身心的热情投入音乐意境中的小泽征尔时，没有人不是从心底里对他产生钦佩之情的。当他拿起指挥棒开始指挥乐队演奏时，他身上的每一个部位和每一根神经都会被音乐所驱动，随之而来的便是那从他的指挥棒下流淌出的美妙而动人的音乐。还是评论家们说得好："小泽征尔是一位真正的、具有高雅艺术鉴赏力的艺术家，从他的风格和特点上来看，他真不愧是一个浑身都是音乐的指挥大师。"

这样一位享誉世界的著名指挥家，他的成名也充满了传奇色彩。

在一次世界优秀指挥家大赛的决赛中，他按照评委会给的乐谱指挥演奏，敏锐地发现了不和谐的声音。起初，他以为是乐队演奏出了错误，就停下来重新演奏，但还是不对。他觉得是乐谱有问题。这时，在场的作曲家和评委会的权威人士坚持说乐谱绝对没有问题，是他错了。面对一大批音乐大师和权威人士，他思考再三最后斩钉截铁地大声说："不！一定是乐谱错了！"话音刚落，评委席上的评委们立即站起来，对他报以热烈的掌声，祝贺他大赛夺魁。

原来，这是评委们精心设计的"圈套"，以此来检验指挥家在发现乐谱错误并遭到权威人士"否定"的情况下，能否坚持自己的正确主张。前两位参加决赛的指挥家虽然也发现了错误，但终因随声附和权威人士们的意见而被淘汰。小泽征尔因充满自信而摘取了世界优秀指挥家大赛的桂冠。

我的成长启示

　　自信是人对自身力量的确信，自信可以减少外界的干扰。权威的意见对小泽征尔形成了巨大的压力，在压力面前，他也有过暂时的动摇，然而最终他还是用自信克服了压力。

世界上没有笨蛋

【阅读导航】

缺乏一种自信的精神，这往往导致一些本来是萌芽了的天才走向自我扼杀。

——舒卓

沃斯一直觉得生活很压抑。他父亲是一家大公司的总经理，而他自己只是个普通的学生，甚至要在家庭教师的帮助下才能勉强完成学习课程。

"我该怎么办？为什么不能像父亲那样出色？"沃斯这样问自己。每一天，他都不快乐，因为他从没有体验过成功的喜悦。

安妮是父亲为他请来的家庭教师，她很奇怪沃斯总是沉默寡言。"能告诉我为什么你不快乐吗？"安妮问道。

"我没有个性，也从没有获得过成功。"

沃斯对安妮说："你知道，我的父亲是一个非常成功的人，而我作为他的儿子，却非常平凡。我对学习不感兴趣，也几乎找不到可以让我感到自豪的事情。我是个笨蛋。"

"沃斯，你听过一句话吗？"安妮问。

"什么话？"沃斯抬起头看着安妮。

"世界上没有笨蛋！"安妮说，"这是说我们都不要自卑。虽然每个人的智商不一样，但这个世界上没有笨蛋，因为每个人都有最出色的一面。这是我的老师告诉我的，而现在我把这句话告诉你。每个人的智商都不一样，但是上帝是公平的。或许你不擅长某些东西，但总有你擅长的，只不过现在，你自己还没有发现而已。"安妮接着说，"所以你要去寻找你所擅长的东西。如果你愿意，我可以带你去一个好玩儿的地方。你一定还没有尝试过飞翔的感觉吧？"

当安妮带着他尝试过滑翔后，他兴奋地对老师说道："好棒啊！我擅长飞行，仿佛我天生就有这种本领。我要把一切都投入这疯狂的追求中，并由此获得自信心。"

沃斯终于找到了自己所擅长的东西，他也从此获得了自信和快乐。"我知道自己不是一个才华横溢的人，但我有一种不同寻常的能力，我会飞翔。"他常常这么对别人说。

后来长大的沃斯接手了父亲的公司，并把公司带到了一个非常好的发展阶段，比他父亲那时候还要好。公司的规模已经是父亲管理时的20倍。

很多人觉得自己很笨，没有取得什么成就，比起别人来差很多。要知道，虽然每个人的智商都不一样，但除了极少数智商特别高的人以外，大多数人的智商都相差无几。这个世界上没有笨蛋，因为每个人都有最出色的一面。

（作者：阿春）

我的成长启示

每个人都有自己的闪光点，因此我们都不应该自卑，而应该充满自信。人一旦有了自信，并全力以赴地去做，许多难题都能迎刃而解。

相信自己是一种力量

【阅读导航】

信心是命运的主宰。

——海伦·凯勒

著名影星成龙小时候家里很穷，为了维持生计，小小年纪的他便进了武行。后来他进了无线电视台的艺员训练班。有一天，他问自己："我就准备长期这么下去吗？我的目标是什么？"经过一段时间的思考，他找到了，自己的目标就是做一个武术指导。

有了这个目标之后，当人家在布景板后面偷懒的时候，他就去看武术指导是怎么策划一场动作的。那时候他的主要工作就是每天在片场扮死尸。有一次，一场戏需要有个人从二楼摔下来，导演刚刚说了一个"二"，"楼"字还没说，他就"嗒嗒嗒"爬上楼准备往下跳，武术指导看了看他，吼了一声："下来！"那时候他别提有多尴尬了。

经历了这件事，成龙心里渐渐明白了一个道理：即使你有真本事，但如果武术指导不了解或者不接受你，你就永远表现不出来。顿悟过后的他就想尽办法接近武术指导，帮他洗车、倒茶、抬凳子。有一天，武术指导忽然叫住成龙："这里有一个动作，你来指导。"就这样，年仅18岁的成龙成为了全东南亚最年轻的武术指导。

以前的演员大多要有漂亮的外表，那些真正会功夫的人却没有办法做动作演员。机缘巧合，一次成龙教一个演员做一个临死之前挣扎的动作，恰巧被这部戏的制片人看到了，制片人对他说："你不错，不如你做男主角。"就这样，成龙慢慢踏上了做男主角的道路。

当成龙成为男主角之后，他又对自己提出了新的要求：自己写剧本。因为小时候家庭条件的限制，他没有接受太多的教育。他想，没有能力写别人的故事，那把自己写进去就行了。当他把自己在片场里面这么多年积累的经验总结出来的时候，他发现自己竟然能够写剧本，于是又萌生了做导演的念头。于是就出现了《A计划》《警察故事》等一系列精彩的影片。

后来有人问及他的成功经验，他说："这么多年来，我相信自己，只要我做每一件事情都努力，将来就一定会成功的。"

（作者：成龙）

我的成长启示

自信是一种力量，它不仅能使人保持良好的工作状态，还能够使人挖掘和放大自身的潜能，去创造生命的奇迹。

永不绝望

【阅读导航】

生活，就应当努力使之美好起来。

——列夫·托尔斯泰

维克托·弗兰克什么也没有做，只因为他是犹太人，就被投入了纳粹德国某集中营。

他被转送到各个集中营，甚至被囚禁在奥斯维辛数月之久。弗兰克说他学会了生存之道，那就是每天刮胡子。不管自己身体有多衰弱，就算必须用一片破玻璃当作剃刀，也得保持这个习惯。因为每天早晨当囚犯列队接受检查时，那些生病不能工作的人就会被挑出来，送入毒气房。

假如你刮了胡子，看起来脸色红润，你逃过一劫的机会便大为增加。

关在集中营里的人在每天两片面包和三碗稀麦片粥的饮食条件之下，身体日趋衰弱。九个男人挤睡在宽三米的旧木板上，盖着两条毯子。半夜三更，尖锐的哨声便会叫醒他们起来工作。

一天早上，他们列队出去在结冰的地上铺设铁路枕木，同行的卫兵不停呵斥，用枪托驱赶他们，脚痛的人就靠在同伴的手臂上。弗兰克身旁的男人在竖起的衣领后低声说："妻子若是看见我们的模样不知道有何感想！我真希望她们在她们的营中过得好些，完全不知道我们的光景。"

后来，弗兰克写道："这使我想起自己的妻子。我们颠簸着前行，路程有数公里之遥，我们跌倒在冰上，彼此搀扶，手拉手往前。我们没有交谈，但心里都明白，我们都惦记着自己的妻子。

"我偶尔抬头看天上，星光已逐渐暗淡，淡红色的晨光开始从一片黑暗的云后出现。我心中始终记挂着妻子的身影，刻骨铭心地想着她。我几乎听到了她的回答，看见了她的微笑和鼓励的表情。忽然有一个意念出现在我的脑海里，我一生中首次领会到许多诗人在诗歌中所表达的，也是许多思想家最终所陈述的真理——爱是人类渴望的终极目标。我抓住了人类诗歌、思想与信仰所传递的最大奥秘——人类的救星在爱中，并借着爱得以实现。"

每天他都在积极思考：用什么样的办法能逃出去。他请教同室的伙伴，伙伴嘲笑他：来到这个地方，从来就没有人想过能活着出去，还是老老实实干活吧，也许能多活几天。可弗兰克不这样想，他想到的是家有老人、妻儿，自己一定要活着出去。

积极的思考终于给他带来了机会。一次，在野外干活时，他趁着黄昏收工的时刻，钻进了大卡车底下，把衣服脱光，然后趁人不注意，悄悄地爬到附近不远处的一堆赤裸死尸上。刺鼻难闻的气味，蚊虫的叮咬，他全然不顾，一动不动地装死。直到深夜，他确信无人，才爬起来光着身子一口气跑了七十公里。

这位幸存者后来对人们说："在任何特定的环境中，人们都还有一种最后的自由，就是选择自己的态度。"

我的成长启示

世上没有绝望的处境，只有对处境绝望的人。只有对美好未来充满渴望的人，才能够抓住稍纵即逝的机遇。

你就是百万富翁

【阅读导航】

　　内心的欢乐是一个人过着健全的、正常的、和谐的生活所感到的喜悦。

——罗曼·罗兰

　　智慧的牧师胡里奥在密西西比河边遇见了忧郁的年轻人费列姆。费列姆唉声叹气，满脸愁云。

　　"孩子，你为何如此闷闷不乐呢？"胡里奥关切地问。

　　费列姆叹了口气："我是个穷光蛋。没有房子，没有工作，没有收入，整天饥一顿饱一顿地度日。我怎么能高兴得起来呢？"

　　"傻孩子，其实，你应该开怀大笑才对！"胡里奥笑道。

　　"开怀大笑？为什么？"费列姆不解地问。

　　"因为，你其实是一个百万富翁啊！"胡里奥有点诡秘地说。

　　"您别拿我这穷光蛋寻开心了。"费列姆不高兴了。

　　"我怎么会拿你寻开心？孩子，能回答我几个问题吗？"

　　"什么问题？"费列姆有点好奇。

"假如，现在我出二十万美元，买走你的健康，你愿意吗？"

"不愿意。"费列姆摇摇头。

"假如，现在我再出二十万美元，买走你的青春，你愿意吗？"

"当然不愿意！"费列姆干脆地说。

"假如，我再出二十万美元，买走你的美貌，你可愿意？"

"傻瓜才愿意！"费列姆头摇得像个拨浪鼓。

"假如，我再出二十万美元，买走你的智慧，让你从此浑浑噩噩度此一生，你可愿意？"

"绝不可能！"费列姆有点儿不高兴了。

"请回答完我最后的问题——假如现在我再出二十万美元，让你去杀人放火，让你从此失去良心，你可愿意？"

"天啊，只有魔鬼才干这种事！"费列姆愤愤地说。

"好了，刚才我已经开价一百万美元了，仍然买不到你身上的任何东西，你说，你不是百万富翁，又是什么？"胡里奥笑着问费列姆。

费列姆恍然大悟。他笑着谢过胡里奥的指点，向远方走去……从此，他不再叹息，不再忧郁，微笑着寻找他的快乐生活去了。

（作者：章恺）

我的成长启示

只有懂得珍惜拥有，才能体会到幸福的滋味。给自己一双慧眼，去发现身边的每一份美好。

人生的试金石

【阅读导航】

乌云后面依然是灿烂的晴天。

——朗弗罗

著名的亚历山大图书馆经历了一次火灾，之后人们在废墟中发现了一本残存的书。可惜这本书没有什么学术价值，政府打算把这本书拍卖掉。由于大家都知道这本书的学术价值不大，没有人愿意买这本书。最终，一个穷学生以三个铜币的低价购得这本书。

这本书不但没有学术价值，内容也枯燥无味。那名穷学生在少有其他书读的情况下，还是经常把这本书拿出来翻阅。翻到后来，书被翻破了，书里掉出了一个小纸条，上面写着试金石的秘密：试金石是能把任何金属变成纯金的一种小鹅卵石，它看起来和其他的鹅卵石没有什么两样，静静地躺在沙滩上。然而，一般的鹅卵石较冷，只有试金石摸起来是温暖的。

穷学生获知这个秘密后欣喜若狂，立即赶到大海边寻找试金石。穷学生满怀信心地挑选那些鹅卵石，可是那些石头摸起来都是凉凉的。穷学生渐渐地有些失望了，他愤怒地把捡起来的鹅卵石朝大海深处扔去。他就这样日复一日，年复一年地在海边扔鹅卵石，力气越来越大，那些鹅卵石也被越扔越远。

多年后的一天，穷学生捡到一块温暖的鹅卵石。然而，他已经养成了到手就扔的习惯，当他意识到那是一块温暖的鹅卵石时，那块传说中的试金石已经被他扔到了深海中。他懊恼地潜到海底，寻找了许多天，

还是找不到他扔出去的那块试金石。

穷学生终于失望了，他一无所获地回到首都。当时，国内正在进行建国百年庆典，国王一时开心摆下擂台，寻找全国力气最大的人，冠军将被封为伯爵，并可获得大量黄金和良田。穷学生想起这么多年来在海边扔鹅卵石的经历，觉得机会来了，于是他上台去比试，结果把参赛者一个个都打败了，获得了大力士的称号，得到了国王的赏赐。

穷学生变成了富裕而体面的伯爵，他感谢那本给他带来好运的书，决定把那本书重新装订并保存起来。他拆开书脊以便重新装订，却在书脊里发现了另外一张纸条，上面写着：世界上没有真正的试金石，你对人生的态度就是试金石。如果你老是抱怨没有机会，或许机会真的到了手边你也把握不了。

（作者：蓉蓉）

我的成长启示

　　得失成败只在于一念之间。懂得珍惜，你便拥有很多；而怨天尤人，只会让你一次次与机遇擦肩而过。

在两个机会中把握人生

【阅读导航】

　　乐观主义者从每一个灾难中看到机遇，而悲观主义者从每一个机遇中看到灾难。

——佚名

　　有一个美国青年，他在冬季大征兵中依法被征，即将到最艰苦也是最危险的海军陆战队去服役。

　　这位年轻人自从获悉自己被海军陆战队选中的消息后，便显得忧心忡忡。远在剑桥大学任教的祖父听说孙子的近况后，便打电话开导他说："孩子啊，这没什么好担心的。到了海军陆战队，你将会有两个机会，一个是留在内勤部门，另一个是被分配到外勤部门。如果你被分配到了内勤部门，就完全用不着去担惊受怕了。"

　　年轻人问爷爷："那要是我被分配到了外勤部门呢？"爷爷说："那同样会有两个机会，一个是留在美国本土，另一个是被分配到国外的军事基地。如果你被分配在美国本土，那又有什么好担心的？"

年轻人问："那么，若是被分配到了国外的军事基地呢？"爷爷说："那也还有两个机会，一个是被分配到和平而友善的国家，另一个是被分配到维和地区。如果把你分配到和平友善的国家，那也是件值得庆幸的好事。"

年轻人问："爷爷，那要是我不幸被分配到维和地区呢？"爷爷说："那同样还有两个机会，一个是安全归来，另一个是不幸负伤。如果你能够安全归来，那担心岂不多余？"

年轻人问："那要是我不幸负伤了呢？"爷爷说："你同样拥有两个机会，一个是依然能够保全性命，另一个是完全救治无效。如果尚能保全性命，那还担心它干什么呢？"

年轻人再问："那要是完全救治无效怎么办？"爷爷说："还是有两个机会，一个是作为敢于冲锋陷阵的国家英雄而死，另一个是唯唯诺诺躲在后面却不幸遇难。你当然会选择前者。既然会成为英雄，那么还有什么好担心的？"

爷爷和孙子之间的区别，在于他们一个只能看到这件事不好的一面，而另一个却能发现事情的两面性并依然保持乐观的心态，看到事情最好的一面。我们的生活中存在着很多这样的选择，任何事情都包含着正反两面，蕴含着两种不同的结果。有些人看到不好的结果，就觉得人生失去了意义，活着只是为了等待那个不好的结果而已。而有些人却看到美好的一面，这美好的一面鼓舞着他们向前走，他们不会因为生活中有了阴霾而否定它的全部。

我们的世界是什么模样，难道不是全在于我们看待它的眼光吗？

我的成长启示

无论你遇到怎样糟糕的情况，始终都有两个机会。好机会中藏匿着坏机会，而坏机会中又隐含着好机会，关键是我们以什么样的眼光、什么样的心态去看待这一切。当我们用乐观的心态去面对这一切时，我们离成功也会不远。

乐观的价值

【阅读导航】

欢乐是希望之花，能够赐给她力量，使她可以毫无畏惧地正视人生的坎坷。

——巴尔扎克

英特尔公司的总裁安迪·葛鲁夫是上过美国《时代周刊》的风云人物。很多人只知道他是美国巨富，却不知道，他也有鲜为人知的苦难经历。

由于家境贫寒，安迪·葛鲁夫从小便吃尽了苦头，他发誓要出人头地。他上学期间便表现出了他的商业天才，他的学习成绩也异常优秀。可是谁也想不到，他曾是个极度悲观的人。

那是安迪·葛鲁夫第三次破产后的一个黄昏，他一个人漫步在家乡的河边，他想到自己辛苦创下的事业一次次地失败，内心充满了失望。他想如果他就这样跳下去的话，很快就会得到解脱。突然，对岸走来一位憨头憨脑的青年，他背着一个鱼篓，哼着歌从桥上走了过来，他就是拉里·穆尔。

安迪·葛鲁夫被拉里·穆尔的情绪

感染，便问他："先生，你今天捕了很多鱼吗？"拉里·穆尔回答："没有啊，我今天一条鱼都没捕到。"安迪·葛鲁夫不解地问："你既然一无所获，那为什么还这么高兴呢？"拉里·穆尔乐呵呵地说："我捕鱼不全是为了赚钱，而是为了享受捕鱼的过程。你难道没有觉得被晚霞染过的河水比平时更加美丽吗？"一句话让安迪·葛鲁夫豁然开朗，于是，这个对生意一窍不通的渔夫，在安迪·葛鲁夫的再三央求下，成了——英特尔公司总裁的贴身助理。

很快，英特尔公司奇迹般地再次崛起，安迪·葛鲁夫也成了美国巨富。在创业的数年间，公司的股东和技术精英不止一次地向总裁安迪·葛鲁夫提出质疑：那个毫无经商才能的拉里·穆尔，真的值得如此重用吗？每当听到这样的问题，安迪·葛鲁夫总是冷静地说："是的，他确实什么都不懂，而我也不缺少智慧和经商的才能。我缺少的只是他面对苦难的豁达心胸和面对人生的乐观态度，而他的这种豁达心胸和乐观态度，总能让我受到感染而不至于作出错误的决策。"

我的成长启示

　　无论你拥有多大的才能与智慧，你都不应该缺少乐观自信的精神，因为它是你获得成功的重要因素。

一面镜子

【阅读导航】

虽然世界多苦难，但是苦难总是能战胜的。

——海伦·凯勒

　　一个年轻人正值人生巅峰时期却被查出患了白血病，无边无际的绝望一下子笼罩了他的心，他觉得生活已经没有任何意义了，拒绝接受任何治疗。

　　一个深秋的午后，他从医院里逃出来，漫无目的地在街上游荡。忽然，一阵略带嘶哑又异常豪迈的乐曲声吸引了他。不远处，一位双目失明的老人正摆弄着一件磨得发亮的乐器，向着寥落的行人动情地弹奏着。还有一点引人注目的是，盲人的怀中挂着一面镜子。

　　年轻人好奇地上前，趁盲人一曲弹奏完毕时问道："对不起，打扰了，请问这镜子是你的吗？"

　　"是的，我的乐器和镜子是我的两件宝贝。音乐是世界上最美好的东西，我常常靠这个自娱自乐，可以感觉到生活是多么美好……"

　　"可这面镜子对你有什么意义呢？"年轻人迫不及待地问。

　　盲人微微一笑，说："我希望有一天出现奇迹，并且也相信有朝一日我能用这面镜子看见自己的脸，因此不管到哪儿，不管什么时候，我都带着它。"

　　白血病患者的心一下子被震撼了：一个盲人尚且如此热爱生活，而我……他突然彻悟了，又坦然地回到医院接受治疗。尽管每次化疗他都会感受到死去活来的痛楚，但从那以后他再也没有逃跑过。

他坚强地忍受了痛苦的治疗，终于出现了奇迹，他恢复了健康。从此，他也拥有了人生弥足珍贵的两件宝贝：积极乐观的心态和屹立不倒的信念。

我的成长启示

拥有积极乐观的心态，有助于把握现在；拥有屹立不倒的信念，有助于把握未来。把二者加在一起，便能拥有幸福的人生。

跑酷

　　跑酷亦被称作"城市疾走"。"城市疾走"即Parkour，Parkour诞生于20世纪90年代的法国，"Parkour"一词来自法文的"parcourir"，直译就是"到处跑"。其具体含义是"超越障碍训练场"。Parkour把整个城市当作一个大训练场，一切围墙、屋顶都成为可以攀爬、穿越的对象，特别是废弃的房屋。这项街头疾走极限运动，非常具有观赏性。

踏板操

　　踏板操，即在踏板上随着动感音乐（每分钟120拍左右）有节奏地上下舞动，跳出健美操的动作。它具有健美操的所有特点；同时，由于大部分动作是在踏板上完成，所以能更有效地增强人体心肺功能及协调性。

单排轮滑

　　单排轮滑的四个轮子竖排，这样速度更快，运动的花样更多。单排轮滑运动分为三项内容，第一项是"U"形池运动。从"U"形池中冲跃而起，跃起后做出各种高难动作。第二项是街头竞速，也就是在规定的路面上进行速滑比赛。仅仅靠4个直径为5厘米的小轮子，优秀的选手可以创造出60-90公里的时速来，真是令人觉得不可思议。第三项则是所谓的街头游走。听起来是街头游走，实际上绝对不走正路，而是上扶手下楼梯，视坎坷如坦途。

第4章

严于律己，方能成为强者

　　自制自律是品格的精髓、美德的基础，是测量一个人的力量大小的基本标准。人最大的敌人是自己，只有拥有自制自律能力、能够战胜自我的人，才是真正的强者。强者之所以能够成功，正是因为他们对自己的严格要求和自律精神。

不能被香烟打败

【阅读导航】

征服自己的一切弱点，正是一个人伟大的起始。

——沈从文

在比尔·盖茨之前雄踞世界首富榜20年之久的石油大亨保罗·盖帝，曾经是一个有几十年烟龄的老烟民，但是在一次出差回来之后，妻子和家人再没有发现他抽过一支烟。事实上，从那次出差之后，保罗·盖帝的双手就再也没拿过香烟。每当有人在保罗·盖帝面前说根本戒不了烟的时候，保罗·盖帝都会说："你不能控制你自己了吗？你就情愿这样被一支香烟打败吗？"

保罗·盖帝清楚地记得，当年那次出差时，自己戒烟的决心就是被这个问题激发的。事实证明，在这场与香烟的较量中，他是胜利的一方。

当年保罗·盖帝是一个不折不扣的大烟鬼，几乎每天都要吸至少两包烟，尽管他的夫人曾经多次劝他戒烟，但是他从来就没有考虑过。一次，在他出差到一个地方时，当地正降大雨，所以他急忙赶到旅馆住了下来。半夜时分，他忽然从睡梦中被一声惊雷惊醒，此时他想抽一支烟，于是去拿床头的烟盒，可烟盒里空空如也，他只好再看看其他地方有没有了。他下床到衣服的口袋里找，仍然一无所获。他又打开随身携带的手提箱，结果还是一支烟也没有找到。

这个时候，旅馆里的服务人员都休息了，要想弄到烟，他只有走出旅馆去大街上可能开着的商店里碰运气。这样想着，保罗·盖帝就换上了出门的衣服，然后又从手提箱中找出雨衣。雨衣很快穿好了，他伸手去开门，就在伸出手的那一刻，他的手突然停在了那里，一动也不动。

"我究竟要干什么？我难道要冒着大雨深更半夜在大街上走来走去寻找一个卖香烟的商店吗？难道仅仅一支香烟就可以这样随意地控制我吗？"然后他又问自己："你就情愿这样被一支香烟打败吗？""不，我绝不会被打败！"他这样回答自己。

想着想着，保罗·盖帝收回了开门的手，然后脱下雨衣和出门穿的衣服，换上睡衣，把床头的那个空烟盒扔到了垃圾桶，接着回到床上舒舒服服地睡了。在睡梦中他有一种摆脱控制的轻松感，甚至还有一种打败什么的成就感。清早起来之后，保罗·盖帝知道，自己已经战胜了一次香烟的诱惑，他打败了这种坏习惯，这真是一次颇有纪念意义的胜利。

很多时候，并不是坏习惯左右着我们的生活，而是我们心甘情愿地被坏习惯所左右，况且坏习惯本来就是由我们自己养成的。如果在不经意间已经养成了某种坏习惯，如果你已经意识到了它的坏处，那就要想办法战胜它。只要有决心，小小的它一定会被你打败的。

我的成长启示

是自己被习惯控制，还是自己控制习惯，这反映出一个人的自控能力。保罗·盖帝终于摆脱了自己的坏习惯，让自己解脱了出来。

我叫托马斯·杰弗逊

【阅读导航】

强者与弱者的唯一区别在于，强者用行为控制情绪，而弱者只会任由情绪主宰自己的行为。

——奥格·曼狄诺

美国第三任总统杰弗逊最喜爱的运动是骑马。他还是位相马行家，他自己就有一匹上等好马。在任总统期间的一天，他正在华盛顿附近的一个地方骑马，当他来到一个十字路口时，碰到一位知名的骑师，这位骑师还是个做马匹买卖的生意人，人们叫他琼斯。

琼斯并不认识总统，但他那职业性的眼光一下子就被总统骑的骏马吸引住了。鲁莽、冒失的琼斯径直走上前，和骑马人搭讪，并紧接着用行话评论起这匹马来，其中包括品种的优劣、年龄的大小以及价值的高低。他还表示愿意换马。

杰弗逊简短地回答了他，礼貌地拒绝了琼斯所提出的所有的交换建议。但那家伙仍不死心，不停地游说，不断地抬高价格，因为他越仔细看这个陌生人骑的马，就越喜欢它。

在所有的建议都被冷冷地拒绝后，琼斯被激怒了。他开始变得粗鲁起来，但他的粗野行为与他的金钱一样，对杰弗逊毫无作用，因为杰弗逊能够很好地控制自己的情绪，没有人能够轻易激怒他。

琼斯想让杰弗逊展示一下这匹

马的步伐，还竭力要他骑马慢跑，但是所有这些努力都白费了。最后，琼斯发现这个陌生人不会成为他的客户，而且绝对是个难以对付的人，他便扬起马鞭在杰弗逊的马侧腹抽了一鞭，想使马突然狂奔起来，因为这会使那些骑术不高的骑手摔下地来。同时，他自己也准备策马疾驰，希望比试一番。然而，杰弗逊仍然端坐在马鞍上，用缰绳控制着烦躁不安的马，并且同样很好地控制住了自己的情绪。

琼斯惊呆了，但粗鲁地一笑后，他又靠近这个新认识的人，开始谈论起政治来。作为一个联邦制的坚定拥护者，琼斯开始大肆攻击杰弗逊以及他的政策。杰弗逊加入了谈话，并鼓励他就一些事情发表自己的看法。不知不觉他们骑马进入了市区，沿着宾夕法尼亚大道往前走。最后，他们来到总统官邸大门的对面。

杰弗逊勒住缰绳，礼貌地邀请琼斯进去。

琼斯听后惊诧不已，问道："怎么，你住在这里？"

"是的。"杰弗逊简洁地答道。

"嘿，陌生人，你究竟叫什么名字？"

"我叫托马斯·杰弗逊。"

琼斯听后，脸色变得煞白，他用踢马刺猛踢自己的马，喊道："我叫理查德·琼斯，再见！"说着，便迅疾地冲上了大路，而此时杰弗逊总统则微笑地看着他，然后策马进了大门。

我的成长启示

身为总统的杰弗逊，当别人不断地对他进行挑衅时，他并没有勃然大怒，反而很好地控制住了自己的情绪，避免了一场纠纷。

第一份工作

【阅读导航】

一念之欲不能制，而祸流于滔天。

——程颐

美国商界巨头戴维·托马斯，从小被人收养，养父脾气暴躁，小时候的他几乎没有真正感受过家庭的温暖。而他的姐姐贝蒂似乎因为能给家里挣钱而受到了尊重，所以，戴维也想外出找个事做。他曾经替人看过加油站的两个油泵，当过报童，做过高尔夫球童，不过都是没干几天就终止了。

戴维真正找到第一份工作是在他12岁那年，一天，他的养父叫他去外面找工作。第二天，他出了家门，一路逛到了一条大街上，他看见一家食品杂货店的橱窗里贴着一张招工启事。

戴维心想：干吗不试试呢？他确信人家不会雇用一个12岁的小孩子，但在那个年龄段里他的身材算是较高大的，因此他撒谎说自己已经15岁了，而且身体很结实，做送货、打扫店里的卫生等工作都不在话下，并请求老板试用他。于是，老板便答应了。

戴维每天早上8点准时开始工作，打扫店前的人行道，除了送货，其余时间都在店里打杂，一直忙活到下午4点。他的报酬是一小时20美分，外加一块作为午饭的三明治。

杂货店所在的诺克斯维尔市，到处都是山头，因此骑自行车送货并不是件好玩的事。需要送货上门的每位顾客，好像都住在山顶的寓所里，很多时候戴维好不容易到了山顶，下了自行车，看看房子的邮箱号，却发现一个个顾客似乎又都住在四楼或者五楼。他这样上上下下地干了几个礼拜，双腿的肌肉变得发达得很。

就在戴维心里美滋滋地盘算着怎么花他自己挣回来的钱的时候，老板把戴维叫到了一边，鼓励他说："小伙子，干得不错！但我要歇业两周去度假。"听到这个消息，戴维感到很高兴。那时天气的确很热，这样他便可以去附近娱乐中心的游泳池里玩一玩了。然而，一个礼拜后，老板打电话说他提前回来了，希望戴维周一回去上班。在电话里，戴维吞吞吐吐地说："因为您告诉我可以离开两个礼拜，我已经有了别的计划。"戴维在周一没有露面，那张招工启事又被贴到了橱窗里，戴维便知道他被炒了"鱿鱼"。因为这件事，戴维还挨了养父一顿骂。

此后多少年里，记不清有多少次，戴维闭上眼睛，脑海里总会浮现那张启事——它成了戴维从亲身经历中受到教训的一种象征：当你接手一项工作时，你要管住自己，最好随时准备全身心投入工作，一切随老板的方便，而不能随自己的方便。后来，戴维学会了克制和勤奋，经过几年的打拼，他在快餐业开拓了一片新市场，创立了温迪快餐连锁店，成了亿万富翁。

我的成长启示

　　人总会有一些欲念，但想要获得成功，就得学会克制。少年时过分贪玩，会影响学业；成年后消极懈怠，难免会妨碍事业。所以我们要想成为生活的强者，一定要自制自律。

从顽童到科学家

【阅读导航】

人生的舵盘由许多部件组成：努力、自制、不灭的希望……

——佚名

拉蒙·卡哈尔是西班牙科学家，他一生最大的贡献是正确揭示了人脑的神经结构，从而使人类对大脑功能的研究从猜测阶段走进科学时代。

因而，卡哈尔被尊为现代神经科学之父，他的著述至今仍然被世界医学界奉为经典。

然而，谁曾想到，卡哈尔小时候却是一个顽劣异常的"淘气鬼"。卡哈尔的父亲是位乡村医生，这位老医生能医好许多乡亲的病，却无法管教好自己的儿子。

有一次，卡哈尔为了向邻居小孩显身手，造了一门"大炮"，可"大炮"一发射便闯下大祸。父亲差点儿被他活活气死，便将他关了禁闭，心地善良的母亲哭着偷偷地给他送饭。从此，邻居和学校老师都把卡哈尔看作"顽童"。

卡哈尔的父亲出于无奈，只好让他去学一门手艺。父母打算先通过让他学手艺使他收心，然后再让他去读书。卡哈尔开始学理发，后来又学补鞋，这些手艺活儿他都学得不错。一年后，家里给他另找了一所学校，想让他再去上学。不料，他刚去了几天，就悻然离校回家了。

此时，卡哈尔的父亲思来想去，最终决定由自己担负起教育儿子的责任。他开始教卡哈尔学习骨骼学。没想到，骨头的奇特形状一下子引发了这个"顽童"的好奇心。卡哈尔看着这些令常人毛骨悚然的东西，思维的闸门突然开启了。他经常向父亲提出一连串的问题，并且打破砂锅问到底，不弄明白不罢休。

从此，卡哈尔再没有那么淘气了，他把精力都用在了对人脑结构的思考上。在父亲的指导下，卡哈尔开始了对脑神经的探索。17岁时，他精心绘制了许多解剖学图谱。3年之后，卡哈尔绘制的解剖图谱竟然达到了当时可以出版的水平。

后来，卡哈尔经过努力考上了萨拉戈萨大学医学院。25岁时，他被聘为母校的首席解剖教授。从此，他走上了研究脑神经的科学道路。经过多年孜孜不倦的探索，他揭开了人脑神经结构的面纱，成为现代神经科学之父，并荣登诺贝尔生理学或医学奖的神圣殿堂。

我的成长启示

玩耍是儿童的天性。男孩子调皮些也无大碍，关键是不要过分贪玩，更不要惹出事端，以免影响自己的学业。随着年龄的增长，我们要学会自我约束，把兴趣和精力慢慢转移到学习上，逐渐培养出劳逸结合的良好习惯。

高昂的学费

【阅读导航】

如若你想征服全世界，你就得征服自己。

——陀思妥耶夫斯基

有位初在政党里崭露头角的候选人去一位政界要人那里学习他政治上获得成功的经验。这位政界要人向候选人提出了一个条件，他说："你每打断一次我说话，就得付5美元。"

"好的，我答应你。"候选人说。

政界要人看看他，问道："什么时候开始？"

"马上就可以开始。"

"很好。第一条是，当你听到诋毁或者污蔑自己的话时，一定不要生气，时时刻刻都得注意这一点。"

"噢，我相信我能做到。无论别人怎样说，我都不会生气。"

"很好，这就是我经验的第一条。但说句实话，我是不愿意你这样一个不道德的流氓当选……"

"先生，你怎么能……"

"你打断了我说的话，付5美

元。"

"哦，啊！这只是一个教训，对吗？"

"哦，是的，这是一个教训。但是，事实上我也是这么认为的……"

"你怎么能这么说……"

"付5美元。"

"哦，啊！这又是一个教训。你的10美元赚得也太轻松了。"候选人气急败坏地说。

"没错，10美元。你得先把钱付给我，然后我们才能够接着谈。"

"你真是太可恶了！"

"再付5美元。"

"啊！又一个教训。噢，我最好试着控制自己的脾气。"

"好，我把前面说过的话收回。我认为你是一个值得尊敬的人物，因为考虑到你出身于一个低贱的家庭，又有那样一个声名狼藉的父亲……"

"你这个恶棍！"

"请付5美元。"

为了学会自我克制的第一课，这个候选人付出了高昂的学费。然后，那个政界要人说："这个问题远不止5美元那么简单。你一定不要忘记，你每一次发火或者为自己所受的侮辱而生气时，至少会因此失去一张选票。对你来说，选票可比银行的钞票值钱得多。"

我的成长启示

　　我们要学会控制自己的不良情绪，平静地接受别人的批评、诋毁、误解，这需要博大的心胸，更需要足够的勇气。

严格要求自己

诚信的约束不仅来自外界，更来自我们的自律心态和自身的道德力量。

——何智勇

高尔基是苏联的大文学家。他处处严格要求自己，以人品和文品为世人做表率，因此受到了人们的尊敬。

有一年冬天，在莫斯科远郊的一个小镇上，冰天雪地，寒气逼人。一个阴冷的下午，小镇上唯一的一家剧院门口排起了长长的队伍。镇民们穿着厚厚的大衣、高高的皮靴，用又长又宽的围巾绕在头颈上，连同嘴巴一块儿裹住了。妇女们头上包着羊毛头巾，男人们则戴着毛茸茸的皮帽。谁都看不清谁的五官，只能看见一双双眼睛和一个个鼻子。他们在排队买票，因为城里的话剧院这次到镇上演出的是高尔基的戏剧《底层》。恰巧，高尔基外出开会，回来时遇冰雪封住了铁路，火车停开，所以他就在这个小镇临时住了下来。这天他散步经过小镇剧院门口时，发现镇民正排队购买《底层》的票，心想：不知道镇民对《底层》反应如何？趁着回不了城，不如也坐进剧院，观察观察镇民对该剧的反应。他心里想着，脚就移向了剧院门口的队伍，高尔基也排队买了票。他刚回身走出没多远，只听身后有追上来的脚步声，回头一看，一位男子向他跑了过来。那男子跑到高尔基跟前，打量着，谨慎地问道："您是阿列克赛·马克西莫维奇·彼什科夫同志吧？"

"是，我就是。您——"高尔基好奇地问道。"我是剧院售票组的组长。刚才您买票时，我正在售票房里，我看着您面熟，但您戴着围巾和帽子，我一下子不敢确认是您。您走路的背影，使我越发感到您可能就是高尔基，所以跑过来问一问您。"

"哦，"高尔基和蔼地笑了，他握住售票组组长的手，说，"现在，您认出了我，有什么事要我帮忙吗？"

"哦，没什么，只是这钱请您收回。"售票组组长从衣兜里掏出钱递给高尔基。

"这是为什么？"高尔基奇怪地问。"实在对不起，售票员刚才没看清是您，所以让您花钱买了票，现在我来退还给您。请您多包涵！"

"怎么，我不能看这场戏？"高尔基越发觉得奇怪了。

"不，不，不，不是这个意思。这个戏本来就是您写的，您来看戏，就不用花钱买票了。"售票组组长解释道。

"哦，是这样。"高尔基明白了。他想了想，问售票组组长，"那布是纺织工人织的，他们要穿衣服就可以不花钱，到服装店去随便拿吗？面包

是面包店工人用面粉做成的，工人们要吃面包就可以不花钱，到食品仓库里去随便取吗？我想您一定会说"这不行"吧。那么，我写的剧本一旦上演，我就可以不论任何时间和地点，到处白看戏吗？"

"这——"售票组组长一时无言以对。

"告诉您吧，同志，我们写戏的人，除领导规定的观摩活动以外，自己看戏看电影，一律都要像普通人一样照章办事。就像现在，我要看戏，就得买票。"说完，高尔基乐呵呵地笑了起来。

"您真是一点儿也没有大文豪的架子。"售票组组长也笑了起来。说着，他们愉快地道了别。

我的成长启示

真正有修养、值得人们尊重的人，总是把自己放得很低，表现得很谦虚、很低调，并且严格要求自己，高尔基就是我们学习的楷模！

修剪自己的欲望

【阅读导航】

自制是一种秩序，一种对于快乐与欲望的控制。

——柏拉图

曼谷的西郊有一座寺院，因为地处偏远地带，一直非常冷清。

原来的住持圆寂后，索提那克法师来到寺院做新住持。初来乍到，他绕着寺院四周巡视，发现寺院周围的山坡上到处长着灌木。那些灌木呈原生态生长，树形恣肆而张扬，看上去随心所欲、杂乱无章。索提那克找来一把园林修剪用的剪子，不时去修剪一丛灌木。半年过去了，那丛灌木被修剪成了半球形。

僧侣们不知住持意欲何为。他们问索提那克，法师却笑而不答。

一天，这座寺院里来了一位客人。这个人衣着光鲜，气宇不凡。他向寺院的住持请教了一个问题："人怎样才能清除掉自己的欲望？"

住持微微一笑，转身进内室拿出一把剪子，对客人说："施主，请随我来！"住持把来客带到寺院外的山坡上。在那里，来客看到了满山的灌木，包括被住持修剪了的那丛。

住持把剪子交给客人，说道："您

只要像我一样经常反复修剪一棵树，您的欲望就会被消除。"客人疑惑地接过剪子，走向一丛灌木，咔嚓咔嚓地剪了起来。

一壶茶的工夫过去了，住持问他感觉如何。客人笑笑："感觉身体倒是舒展轻松了许多，可是日常堵塞心头的那些欲望好像并没有被放下。"

住持颔首说道："刚开始是这样的，如果经常修剪，就好了。"

客人走的时候，跟住持约定十天后再来。

十天后，这位客人来了；十六天后，客人又来了……三个月过去了，客人已经将那丛灌木修剪成了一只兔子的雏形。客人告诉住持自己每次修剪的时候，都能够气定神闲，心无挂碍。可是，一离开寺庙，所有欲望依然像往常那样冒出来。

住持笑而不言。当客人的"兔子"完全成形之后，住持又向他问了同样的问题，得到了一样的回答。

这次，住持对客人说："施主，你知道为什么当初我建议你来修剪树木吗？我只是希望你每次修剪前，都能发现，原来剪去的部分，又会重新长出来。这就像我们的欲望，你别指望它会完全消失。我们能做的，就是尽力把它修剪得更美观。放任欲望，它就会像疯长的灌木，丑陋不堪。但是，经常修剪，它就能成为一道悦目的风景。对于名利，只要取之有道，用之有道，利己惠人，它就不再是心灵的枷锁。"

客人恍然大悟。

此后，随着越来越多的香客的到来，寺院周围的灌木也被修剪成了各种形状。这里香火渐盛，日益闻名。

我的成长启示

对欲望的修剪，实际上是一种控制，也是一种塑造。修剪欲望所需要的工具，也不再是修剪树木的剪刀，而是我们对未来清晰明确的目标和对自己的控制、把握。树立明晰的目标，学会对自我的控制，我们就能够将自己的欲望修剪成一双翅膀，帮助我们飞翔。

洒掉的牛奶

【阅读导航】

一个人一旦明白事理，首先就要做到诚实而有节制。

——德拉克罗瓦

小威特6岁了，一天，老威特要去拜访一个朋友，并要在那儿住几天，顺便也把他带去了。

第二天吃早点时，小威特洒了一点儿牛奶。按照自己家里的规矩，洒了东西就要受罚，为此他只能吃面包了。小威特本来就喜欢喝牛奶，再加上这一家人都非常喜欢他，为了他的到来，特意调制了一种牛奶，并端上了最好的点心，这对小威特来说诱惑还是不小的。小威特在洒掉牛奶后先是脸稍稍红了一下，迟疑了一会儿，然后就不再喝牛奶了。老威特故意装作没看见。

男主人看到这种情况，实在沉不住气了，再三让小威特喝牛奶，可他还是不喝，并十分不好意思地说："因为我弄洒了牛奶，所以就不能再喝了。"男主人还是再三劝他："没关系的，一点儿关系也没有，喝吧，喝吧！"老威特在旁边一边吃着点心，一边仍然故意装作没看见。小威特还是坚持不喝。在

万般无奈之下，疼爱小威特的男主人就向老威特发起"进攻"了，因为他推测一定是由于老威特训斥了儿子，小威特才不再喝牛奶的。

为了打破僵持的局面，老威特让儿子出去一下，他向朋友全家说明了理由。这家人听后责怪道："对一个刚6岁的孩子来说，因为一点点过错就限制他喝喜欢喝的东西，你的教育过于苛刻了！"老威特只得解释说："不，我的儿子并不是因为惧怕我才不喝的，而是因为他从内心里认识到这是约束自己的纪律，所以才不喝的。"在听了老威特的解释后，朋友全家还是不相信，于是他们决定通过做一个试验来揭示事实真相。老威特说："我先离开这个房间，你们再把我儿子叫来，劝他喝，看他是否会喝。"说完，老威特就走开了。

待老威特离开房间后，他们把小威特叫进屋里，热情地劝他喝牛奶、吃点心，但毫无效果。接着他们又换了新牛奶，拿来新点心引诱小威特说："我们不告诉你爸爸，吃吧！"但小威特还是不吃，还不断地对他们说："尽管爸爸看不见，上帝却能看见，我不能撒谎。"他们接着又说："由于我们马上要去外面散步，你什么也不吃，途中要挨饿的。"

小威特回答说："不要紧。"实在没有办法了，他们只好把老威特叫进来。小威特流着眼泪如实地向父亲报告了情况。老威特冷静地听完后，便对他说："威特，你对自己良心的惩罚已经够了。因为马上要去外面散步，为了不辜负大家的心意，快把牛奶和点心吃了，然后我们好出发。"听到老威特说出这样的话，小威特这才把牛奶喝了。

仅仅6岁的孩子就有这样的自制能力，朋友全家都深深佩服小威特。

我的成长启示

每个人都会犯错，犯了错就要为自己的行为负责任。只有严于律己，才能成就大事。小威特的做法值得我们学习，他的自制能力也值得我们佩服。

马拉松者村上春树

【阅读导航】

立志言为本，修身行乃先。

——吴叔达

在日本文坛，村上春树是个"别具一格"的作家。文风异于他人，行事也如此：很少与外界往来，不属于任何作协组织。不爱抛头露面，不上电视，不作报告，接受采访也很有限。私生活中规中矩，有板有眼：早上5点起床，晚上10点就寝。每天写作4个小时，长跑10公里。如此这般，他坚持了20多年。

他每年要跑一个10公里比赛、一个半程马拉松、一个全程马拉松。另外，他还多次参加铁人三项。无论他到哪儿旅行，包里总少不了一双运动鞋。

2007年，村上春树根据自己的长跑经历创作了传记性质的随笔集《谈论长跑的时候我说些什么》。书中，他借"跑步"这一话题，回顾了自己的写作生涯。他说，从《寻羊冒险记》起，他大多数作品的灵感，都源于长跑途中。

村上春树说，长跑的本质和写作一样，就是一次又一次把自己逼到极限。唯一的对手是你自己，面对的是你内心的挣扎。

爱好运动的作家其实很多。列夫·托尔斯泰是自行车运动爱好者；杰克·伦敦、梅特林克和海明威从事过拳击运动；长期卧床的普鲁斯特打过网球，后来他把自己的球拍改成了吉他；美国的田纳西·威廉斯爱好游泳；英国的乔治·奥威尔酷爱足球。但他们大多把体育当作强身健体的爱好，只有村上春树，认定跑步具有如此深刻的精神内涵，且与写作的灵魂相通。

村上春树给写作、跑步都立下了严格的规矩。无论是灵感突发还是脑中空白，写小说都要按照计划，循序渐进。至于跑步，如果哪天不想出门，他就会反问自己："你可以靠写作为生，在家里工作。不用挤地铁上下班，不用开无聊的会。你没有意识到你有多幸运？这样来看，在家附近跑上一个小时就没什么，对不对？"

每次自问自答后，村上春树准会穿上跑鞋，毫不犹豫地跨出家门。他说，他当初撰写《世界尽头与冷酷仙境》时，就是靠着这几句话以及坚持跑步，完成了小说。村上春树认定，是跑步提升了他的写作高度。

（作者：罗屿）

我的成长启示

　　顽强的意志并非与生俱来，而是需要培养的。良好的生活习惯能体现个人的志趣，有利于事业成功。

趣味科学知识

顺手抓住一颗子弹

　　根据报道，在第一次世界大战时，一个法国飞行员碰到了一件极不寻常的事情。这个飞行员在2000米高空飞行时，发现脸旁有一个什么小玩意儿在游动着。飞行员以为这是一只小昆虫，敏捷地把它一把抓过。结果他发现他抓到的是一颗子弹！

　　这是因为，一颗子弹并不是始终以每秒800~900米的初速度飞行的。由于空气的阻力，这个速度逐渐减低下来，而在它跌落前，它的速度只有每秒40米。因此，很可能碰到这种情形：飞机跟子弹的方向和速度相同。那么，这颗子弹对于飞行员来说，它就相当于静止不动，或者只是略微有些移动。那么，把它抓住便没有丝毫困难了。

古代宝刀的秘密

　　我国古代很讲究使用钢刀，优质锋利的钢刀被称为"宝刀"。相传战国时期，就有人制造了"干将""莫邪"等宝刀宝剑，那真是"削铁如泥"，把头发放在刃上，吹口气头发就会断成两截。现在我们通过科学研究知道，制造这类"宝刀"的主要秘密就是钢材中要含有钨、钼一类的元素。

　　事实上，往钢里加进钨和钼等，哪怕只有很少的一点点，比如百分之几甚至千分之几，就会对钢的性质产生重大的影响。这个事实直到19世纪中叶才被人们发现，大大地促进了钨、钼工业的发展。有计划地往普通钢里加进一种或几种钨、钼一类的元素——合金元素，就能制造出各种性能优异的特殊钢材——合金钢。

第 5 章

勤奋是通往
成功的阶梯

"天才来自勤奋。"这句俗语告诉我们：所谓"天才"，不是一生下来就有超越凡人的能力，而是由后天因素决定的，这后天因素主要就是勤奋。人的能力有大小，智商有高低，但只要勤奋，就一定会有所收获。成功与勤奋总是分不开的。古今中外，成功人士的共同点就是勤奋。

曾是全班倒数第一的苏步青

【阅读导航】

终生努力，便成天才。

——门捷列夫

在中国，一提起数学家，就不能不讲苏步青。作为一名享誉中外的著名数学家，他被认为是"东方国度上灿烂的数学明星"。

苏步青出生在浙江省平阳县卧牛山下带溪乡的一个农民家庭。父亲觉得这个儿子读书会有出息，便把他送进了私塾念书。后来，父母决定把苏步青送进县城高小。平阳县城高小很有声望，当地有钱人家都把自己的孩子送入这所学堂读书。农家出身，面黄肌瘦，由父亲挑着米陪着走了100里山路赶到县城以米代交学费的苏步青，在那些一向作威作福惯了的富家子弟眼里，自然是横看竖看都不顺眼的了。

小小年纪，初次离家，苏步青连遭富家子弟的羞辱欺负，加之老师在课堂上全讲温州话，跟带溪乡人的口音完全不一样，听得他一头雾水，使得这个原本十分喜爱读书的男孩忽然对学习产生了厌烦心理。结果，连续3个学期下来，苏步青一直都是"背榜（最后一名，把全班人都背在了背上的意思）"。父亲无奈，咬了咬牙，又为苏步青换了一所学校。进了新学校，苏步青本来也想好好奋发一回，但就在进校的那年秋天，他刚刚萌发的热情又几乎被教语文的谢老师迎头浇灭。因为幼时熟读《三国演义》，苏步青对罗贯中的笔法无师自通，写起作文来也颇有几分三国神韵。但谢老师根本不相信这样一个"背榜生"能有如此文笔，于是在苏步青的作文上批了个"毛（差）"，而且带着一脸的鄙夷不屑说："抄来的文章当然好，可那只能骗骗你自己。凭你，还想写出好文章来？"刹那间，苏步青觉得全身的血都快冲到脖子上来了，他强压着怒火，扭头就走。他发誓再也不上语文课了。不想没多久，他在一次逃语文课的时候，正好被他特别崇拜的地理老师陈老师发现了。陈老师问他怎么回事，苏步青委屈地把谢老师冤枉自己的事一五一十地说了出来。

"谢老师看不起我。"他含着眼泪说。

"别人看不起你，你就不读书，这样一来，你要到什么时候才会让人看得起呢？"陈老师一语破的。

"别人看不起你，是因为你是一个'背榜生'。要改变别人的这种看法，就要先改变自己。要是你不再是'背榜生'，要是你从此成了第一名，你想想，到那时，谁还会看不起你？"

一席话振聋发聩，说得苏步青幡然醒悟。打铁趁热，陈老师又给他讲了牛顿小时候的一个故事。牛顿也是乡下孩子，成绩也不好，城里的同学一样瞧不起他，但越是这样，他越是努力学习，终于以全班第一名的成绩使同学们对他刮目相看。后来，牛顿成了世界闻名的伟大科学家。

陈老师说的这个故事和最后这句话，苏步青记了一辈子。

从此，苏步青努力学习。为了看懂《东周列国志》，他步行了几十里山路，向别人借来《康熙字典》，遇到生字，他总要逐个查阅，直到弄懂。假日,他回家一边放牛,一边骑在牛背上背诵《唐诗三百首》。学期终了,他出人意料地考了全班第一。第二学期、第三学期……他都是第一,"背榜生"成了"头榜生"。

1914年,苏步青以优异的成绩考进浙江省立第十中学。这时,他已经能滚瓜烂熟地背出《左传》。由于他博览群书,在同学中获得了"文人"的称号,后来由于一个偶然的因素,他走上了研究数学的道路,最终成为我国著名的数学家。

（作者：张光武）

我的成长启示

著名的数学家苏步青曾经是一个"背榜生",但是他在听了陈老师的话之后幡然醒悟,开始努力学习,这才有了之后的伟大成就。当我们在学习中遇到困难时,不应该气馁,应该像苏步青那样迎头赶上,以百分百的努力迎接挑战。

刻苦勤奋的王阳明

【阅读导航】

勤能补拙是良训，一分辛劳一分才。

——华罗庚

王阳明是我国明代中叶著名的哲学家和教育家。

王阳明5岁还不会说话，当时大家都以为他是一个哑巴，有的人还认为他根本就是一个白痴。但是他的父亲不这样看，他觉得小阳明只是生病了，他四处寻访名医，只要听说哪里有名医，他就派人去请。小阳明6岁时，他的病终于被医治好了。

小阳明病好之后，智力显得一般。因为小时候不会说话，也没有读过书，因此，比起别的小男孩，他显得笨拙一些。有人风言风语："他这么迟才开始学说话，当然笨啦。别指望他会有大出息。"

小阳明本来就觉得自己比别人笨，现在又听到别人这样嘲

笑自己,心里更加难受。他跑到父亲怀里哭诉:"父亲,别人都说我笨,我真的很笨吗?"

父亲听了他的话,心里一阵酸楚:"孩子,你不笨。为父一定好好教你,你会有出息的。不用在乎别人的嘲笑,你自己努力,争口气让那些人瞧瞧,好吗?"

有了父亲的鼓励,小阳明又有了信心。他始终记得父亲曾经给他讲过的"笨鸟先飞"的故事,并时时提醒自己要努力学习。平时读书,别人读一遍,他就读两遍、三遍,甚至十遍。他珍惜时间,把别人用来玩耍的时间都花在了学习上。白天,他认真听先生的课;放学后,趁着还没有吃饭或者吃饭后的时间,他一个人跑进父亲的书房,认真读书,直到家人催促他去吃饭、睡觉。日日如此,从不间断。

父亲见小阳明如此争气,心里很高兴。他也耐心地给小阳明辅导功课,有时还请一些大学者给小阳明辅导。当家里来了客人,谈论天下大事的时候,父亲也让小阳明站在一边,向别人学习。

母亲见了非常欣慰,便更加细心地照顾他,不仅给他收拾出一间书房,还不许别人去打扰他读书。在父母的鼓励、支持和自己的努力下,小阳明的学习成绩提高得很快,最后成了先生的得意弟子,被人们誉为"神童"。

就这样,王阳明凭借"笨鸟先飞"的刻苦勤奋的精神,长大后成了著名的哲学家和教育家。

我的成长启示

王阳明通过自己的努力,从被别人视为"白痴"的"哑巴",变成被世人称誉的"神童",他改变了自己。其实生命就是一场马拉松,最大的敌人不是别人,而是你自己。在你向成功迈进的旅程中,唯有靠坚定不移的恒心、持续不断的斗志,你才能成为一个真正的强者。

凡人与大师

世间没有一种具有真正价值的东西，是可以不经过艰苦辛勤的劳动而得到的。

——爱迪生

凡人每天过着平平淡淡的生活，从来没有人会关注他，更不会有人为他喝彩；大师时时刻刻都受到人们的景仰，一旦有作品问世，立刻就会轰动世界。

终于有一天，凡人来到大师面前，发牢骚说："您看，我和您一样志向远大，一样勤奋努力，为什么您能成为闻名天下的大师，我却只是个默默无闻的凡人呢？难道我天生就比您蠢笨吗？"

"不，我并不比你聪明。"大师摇摇头说。

"难道是您的运气比我好？"凡人问。

"成功靠的不是运气。"大师还是摇摇头。

"那我们之间的差别到底在哪里？"凡人不解地问。

大师没有立刻回答，而是问了

他一个问题："如果你要去一个非常美丽的地方，可是有一条宽阔的河流挡住了你的道路，你打算怎么办？"

凡人想也没想就说："过河的办法有很多。首先，如果河上有桥，我就从桥上走过去。"

"如果没有桥呢？"大师问。

"要是河边有船，我还可以乘船过去。"凡人说。

"如果船也没有呢？"大师又问。

"那我只好游过去了。"凡人皱了皱眉头说。

"如果河中水流太急，或者遇上了暴雨天气呢？"大师紧接着问。

"那我就毫无办法了。"凡人垂头丧气地说。

大师提醒他："难道你没有想过自己造一座桥吗？"

"什么？"凡人惊讶地叫了起来，"自己造桥？那得费多少功夫啊！"

大师微笑道："你想的前两种办法，都是凭借别人的工具过河，而第三种办法，也要依靠外界的有利条件。可以看出，在追求成功的道路上，你一心只想依靠别人，走最便捷的道路，吃最少的苦，却没有想过在很多的情况下，我们必须要通过自己的勤奋努力，才能到达目的地。"

我的成长启示

为什么这个世界上凡人那么多，而大师却那么少？不是因为大多数人没有理想，没有追求，而是因为他们只想走别人走过的路，不愿意吃别人没有吃过的苦。

人生是一场静悄悄的储蓄

【阅读导航】

伟大的成绩和辛勤的劳动是成正比的，有一分劳动就有一分收获，日积月累，从少到多，奇迹就可以创造出来。

——鲁迅

他从小就是一个内向的乖孩子，喜欢一个人坐着翻看连环画。5岁时，父亲问他想要什么生日礼物，他选了一套《上下五千年》。从此，这套书就成了他走进历史大门的启蒙教材。这套书他读了足足9遍。

他把平时的零花钱放在一个储钱罐里，积少成多，然后换成自己喜欢的历史书。《二十四史》《资治通鉴》《明史纪事本末》《明通鉴》等都被他一一收入囊中。

上高中后，当身边的人都忙着报考各类补习班时，他却躲在一个小空间里，在中国五千年的历史长河中，驾一叶扁舟，领略波涛汹涌。当高考硝烟散尽，他走进一所大学。在大学里，他发现了一个更大的储蓄历史的地方——图书馆。此后，图书馆便成了他时常光顾的地方。

大学毕业，他进入海关工作。每天下班以后，他依然会一个人徜徉在历史长卷中。整整6年，2000多个夜晚，他进行着一场静悄悄的储蓄。2006年3月10日，对于27岁的他来说，应该是具有里程碑意义的一天。这一天，他翻着一本《明实录》，看着看着，心里突然异常烦躁起来，看了几十年的历史书，怎么还是如此枯燥乏味？他听到发自内心惊雷般的声音：其实，你可以把历史写得很精彩、很好看！

一回到家，他就打开电脑，他兴奋地在天涯论坛"煮酒论史"版块敲出了生平第一个长篇故事的开头。他知道，到了从攒了22年的"储钱罐"里取出"钱"来的时候了。这些"钱"，关乎历史，关乎人性，关乎灵魂。"当年明月"就是他的ID，源自他最喜欢的古诗句——"当时明月在，曾照彩云归"。

自此，一部名叫《明朝那些事儿》的通俗历史读物开始在网上连载，并迅速受到众多粉丝的追捧。几个月过去，他的帖子点击率竟然高达300万次。《明朝那些事儿——朱元璋卷》首次出版，马上就销售一空。此后，一直到第七卷，前后共卖了1000多万册。

他的名字叫石悦。"我是这本书的影子。要受到尊重，必须有灵魂。我现在每天仍读历史，写历史，提醒自己人生是一场静悄悄的储蓄。"接受采访时，石悦一脸正色。是呀，人生是一场静悄悄的储蓄，厚积薄发，天道酬勤。只要用心，只要愿意给心灵储蓄，沉默的石头也会唱响悦耳的歌。

（作者：梁阁亭）

我的成长启示

上天会成全勤奋之人。有耕耘就有收获，我们只要不懈努力，最大限度地完善自己，就会迎来成功。

仅有天赋是不够的

【阅读导航】

　　如果你很有天赋，勤勉会使天赋更加完善；如果你的才能平平，勤勉会弥补缺陷。

——雷诺兹

　　本杰明·卡斯坦特是法国历史上最具天赋的人之一。凡是对他稍有了解的人都知道他是一位被上天眷顾的天才。在很小的时候，他就能吟诵诗歌，而且几乎能过目不忘，对那些读过的诗歌他总是有一套自己独特的见解。当其他同龄孩子刚刚学会背诵几首儿歌的时候，本杰明·卡斯坦特已经在写作方面崭露头角了。在十几岁的时候，他就以出色的文才名震人才济济的法国文坛。当时的很多文人墨客都以一睹他的作品为荣幸。

　　本杰明·卡斯坦特本人十分喜爱文学，他抱负远大，曾经立志要写出一部万古流芳的巨著。以他的才华和智慧，实现这一愿望本来没有太大的悬念，可是直到本杰明·卡斯坦特的一生匆匆结束之时，他也没有完成这样一部巨著。究竟是什么使志向远大而又博学多才的本杰明·卡斯坦特没能完成自己的愿望呢？

　　原因还需要从本杰明·卡斯坦特自己身上寻找。虽然少年时代的他受尽了周围人的尊崇，并且被当时的许多文豪所看好，但是到了20岁以后，本杰明·卡斯坦特开始对任何事情都不感兴趣。尽管他只要一会儿的工夫就可以通读几本书，但是他再也不愿意从任何一本书上汲取知识，因为他觉得书上写的那些东西他早就读懂了。他虽然曾经志向远大，想要写一部万古流芳的巨著，但不愿意付出努力，他觉得完成文学巨著需要花费的时间太长，而且他也没有那种耐性和精力。他也曾经写过一些书，但那都是为了维持生活，而且由于他的书一度滞销，他的生活十分清贫。为了摆脱日渐贫困的生活，他又频繁出入赌场，企图在一夜之间暴富。当有了一点儿钱财之后，他又沉溺于女色之中不能自拔，他认为享乐要比一个人孤孤单单地趴在桌子上写作舒服得多。

由于本杰明·卡斯坦特成天闲游浪荡，看不起任何人，而他自己又没有取得任何有实际意义的伟大成就，所以人们不再看重他，反而嘲笑他一事无成。再加上他每日放纵自己，不顾名声和尊严，一味地出入不合时宜的场所，所以在社会上早已声名狼藉，很多有身份的人都不愿意与他为伍。

在本杰明·卡斯坦特意识到自己面临的处境时，他高呼："我就像地上的影子，转瞬即逝，只有痛苦和空虚为伴。"他还说自己是一只脚踩在半空中的人，永远无法脚踏实地。他将自己完不成巨著的原因归结为精力不足。他梦想拥有俄国大文豪托尔斯泰一样过人的精力，并且表示愿意以自己的才智交换。可是无论他对自己面临的处境认识得多么深刻，他还是没能控制住自己的行为，最后在穷困潦倒中一事无成地死去。

有人说，智慧是一种天生的能量。有些人天生聪明睿智，所以不用辛苦也能凭借聪明才智取得成就；而有些人则天生愚笨，即使辛苦一生，也是白忙活一场。真是这样吗？如果真是这样，那人们唯一需要做的就是在娘胎中祈祷上天赋予自己聪明的头脑，其他的就什么都不用做了。

（作者：俞慧霞）

我的成长启示

成功的因素是多种多样的，天赋只是众多因素中的一个。如果你有天赋，那么就要充分地利用它；如果你没有天赋，也不必沮丧，努力一样也会成功的。

有耕耘才会有收获

【阅读导航】

生活的花朵是只有付出劳动才会绽开的。

——巴尔扎克

美国总统尼克松出生于洛杉矶附近的约巴林达镇，家境并不富裕。他的父母是爱尔兰人后裔，尼克松的父亲在自己的菜园里辛勤劳作，靠种地供养一家人；母亲是一位有文化修养的女性，更多地承担了教育子女的责任。尼克松的祖先没有给他留下从政的人脉，也没有给他留下可以创业的资本，他要想获得成功只有靠自己努力。

尼克松出生后，他母亲就用自己的智慧和耐心教育他。在尼克松6岁上学之时，他的母亲早就教会他读一些书了。

尼克松9岁时，他父亲卖掉了屋子、菜园和果园，把家搬到了惠特尔。尼克松的父亲早出晚归，十分辛劳，他希望靠自己的努力改变全家人的命运。不久，他父亲有了属于自己的加油站，后来又办起了杂货店，并出售自家做的馅儿饼和蛋糕。尼克松的母亲做馅儿饼和蛋糕的手艺越来越好，就这样他们靠馅儿饼和蛋糕打开了周围的市场。

父母的勤劳对尼克松产生了很大的影响。尼克松很早就帮父母操持家务，做一些力所能及的活儿，父母经常拿"你必须汗流满面才能糊口"这句话来教育他。时间一长，尼克松也就把这句话牢牢记在了心底，他很快就成了父母的得力帮手。

父母勤劳的品质和向上的精神深深地影响了尼克松。他意识到，只要勤劳就会有收获，就能实现自己的愿望。于是，尼克松的干劲儿更足了。他每天早晨4点钟起床，5点钟就赶到洛杉矶第七街菜市场，亲自挑选要买的蔬菜和水果，与卖主经过一番讨价还价，然后把选购好的货物用马车送回家。在家里把这些蔬果择洗干净，分级包装，摆放到店铺的货架上后，他还要赶在8点钟前去上学。

每次劳动后，尼克松看到家庭店铺销售自己进来的货物得到微薄利润，心里都有一种小小的成就感，并因此感到自豪和快乐。

每天这样进货送货，长年累月，的确很辛苦，就是一个成年人这样做久了也会感觉劳累和厌烦。小小年纪的尼克松没有偷懒或泄气，他不怕劳累，靠着坚定的意志和坚韧的毅力坚持了很多年，直到他家的事业逐渐兴旺起来，他父亲为店铺雇用了帮手。

童年的经历造就了尼克松坚定的意志、勤劳的品质，他明白要靠自己的努力来实现人生的目标。成年后，尼克松靠自己的努力先后获得两个学士学位，并成为了一名律师。后来，尼克松开始步入政界，并当选为美国众议院共和党议员，1968年尼克松当选为美国第37任总统。

我的成长启示

一个人梦想得到什么，并为之付出了什么，他就会收获二者之和。勤奋是成功的土壤。尼克松从一个普通家庭的儿子，成长到美国总统，这与他的勤奋和坚强的意志是分不开的。

天才是用努力换来的

【阅读导航】

哪里有天才，我是把别人喝咖啡的工夫都用在工作上的。

——鲁迅

　　童第周是我国著名的生物学家、优秀的教育家，曾担任中国科学院副院长、动物研究所所长。

　　童第周出生在浙江省鄞县的一个小村子里。他小时候家里十分贫困，没有钱供他进学校读书，他只能边在家里做农活，边跟父亲学点儿文化知识。直到17岁，童第周才在二哥的帮助下，进了宁波师范预科班。由于他基础差，第一学期期末考试平均成绩才45分。学校让他退学或留级，经童第周再三请求，学校才勉强答应让他试读半年。童第周发誓，一定要把成绩赶上去。此后，他与"路灯"相伴……第二学期期末考试，他的平均成绩达到70多分。这件事让他悟出了一个道理：别人能办到的事，自己经过努力也能办到，世界上的天才是用努力换来的。

　　童第周在进入上海复旦大学以后，更加勤奋地学习。临近毕业时，他已经成为学校的高才生了。

　　1930年，童第周在亲友们的资助下，远渡重洋，在欧洲著名生物学家勃朗歇尔教授的指导下研究胚胎学。当时，有的外国学生对中国人非常看不起，和他同住的一个洋学生公开说："中国人太笨。"听到这话，童第周再也压抑不住满腔的怒火，对那个洋学生说："这样吧，我们来比一比，你代表你的国家，我代表我的国家，看谁先取得博士学位。"

研究胚胎学，经常要做卵细胞膜的剥除手术。有一次做实验，教授要求学生们设法把青蛙卵膜剥下来，这是一项难度很高的手术，因为青蛙卵只有小米粒般大小，卵外面紧紧地包着三层像蛋白一样的软膜，所以手术只能在显微镜下进行。许多人都失败了，他们一剥开卵膜，就把青蛙卵也给撕破了。只有童第周一人不声不响地完成了这项任务。

勃朗歇尔教授知道后，特地安排了一次观察实验，把学生们都找来看。实验开始了，童第周不慌不忙地走到显微镜前，熟练地操作着。人们看到，他像钟表工人那样细心，像绣花姑娘那样灵巧，像高明的外科医生那样一丝不苟。在显微镜下，他先用一根钢针在卵上刺了一个小洞，于是圆滚滚的青蛙卵马上就松弛下来，变成扁圆形的，然后他又用钢镊镊住卵膜往两边轻轻一挑，青蛙卵的卵膜就从卵上顺利地脱落下来了。他干得又快又利落。

"成功了！成功了！"同学们拥上去祝贺，勃朗歇尔教授更是激动万分，这是他搞了几年也没有搞成的项目啊！他抑制不住内心的喜悦，连声称赞："童第周真行！中国人真行！"童第周做的剥除青蛙卵膜手术的成功，一下子震惊了欧洲的生物界。4年之后，他通过答辩，比利时学术委员会决定授予童第周博士学位。在荣获学位的大会上，童第周激动地说："我是中国人，有人说中国人笨，我获得了贵国的博士学位，至少可以说明中国人绝不比别人笨。"在场的教授们纷纷点头，有的还伸出大拇指。而那个洋学生却一篇论文也没有，更谈不上拿到博士学位了。

因此，对一个有志之人来说，逆境、困难、艰苦，都是成才征途上的荆棘，但也正能磨炼人，正所谓"艰难困苦，玉汝于成"。

我的成长启示

为自己的人生树立一个奋斗的目标，并凭借顽强的意志、坚定的信念、非凡的创造力，发挥自己的主观能动性，带上自己的激情，勇往直前，总有一天你会走出逆境，迎来灿烂的明天。

靠勤奋成功的海涅

【阅读导航】

　　形成天才的决定因素应该是勤奋。有几分勤学苦练，天资就能发挥几分。天资的充分发挥和个人的勤学苦练是成正比例的。

——郭沫若

　　德国著名诗人海涅，年幼时并不是一名好学生，他的作文甚至被老师嘲笑，这一度使他对写作丧失了信心。一到语文课，他不是旷课，就是和同学打闹，甚至搞一些恶作剧，想方设法让老师出丑。有几次，学校几乎要开除他了。直到升入中学，这种状况才有了转变，尽管他仍写不好作文，但老师从他那跨越时空的大胆想象中，看到了一棵诗人的苗子。从此之后，老师再也没有强迫他写过一篇作文，并鼓励他说："就这样写下去，你一定能成为像歌德一样伟大的诗人。"

　　"我能成为像歌德一样伟大的诗人！"小海涅被老师的话震惊了，尽管他当时连歌德是个什么样的人都不知道，但他知道"伟大"是一个很了不起的词，因为他的父亲在说起"伟大"一词时，说的都是德国历史上名垂青史的英雄人物。

"能，一定能！"老师拉过小海涅的手说，"不过有一条你要记住，你要向歌德学习。"小海涅记下了这句话，并相信了这句话。后来老师又不失时机地一步一步告诉他要向歌德学什么，小海涅竟一丝不苟地按着老师的话去做。老师说，说话要像歌德一样文明，他就再也没有说过一句污言秽语；老师说，要像歌德一样学好知识课，他上课认真听讲的程度就超过了班上任何一名学生；老师说，要像歌德一样勤思考、勤写作，他就专门为自己准备了写作的本子，一年要用掉好几本。

经过多年的努力，海涅真的写出了《北海纪游》《德国，一个冬天的童话》和《旅行记》等在德国和其他国家文艺界产生了积极影响的诗歌和散文作品，被公认为是继歌德后德国最重要的诗人。

成名后的海涅，给当年的老师写了一封充满感激之情的信，其中有这样一段话："后来我才知道，你给我讲的那些有关歌德的故事是不真实的，但它们对我的益处却是真实的。正是这一个又一个信念的激励，注定了我的昨天，也注定了我的今天。"

我的成长启示

天赋对一个人的发展来说并不是决定因素，最重要的是在天赋的基础上，我们付出了多少努力。只有勤奋和努力才能帮助我们实现自己的目标，才能让我们在梦想的道路上走得更远，更接近成功。

柳公权练字

【阅读导航】

我是个拙笨的学艺者，没有充分的天才，全凭苦学。

——梅兰芳

柳公权小的时候，字写得很糟，常常因为大字写得七扭八歪而被先生和父亲训斥。柳公权很要强，他下定决心要练好字。经过一年多的日夜苦练，他写的字大有起色，和年龄相仿的小伙伴相比，柳公权的字已成为最拔尖儿的了。他写的大字，得到同窗的称赞、老师的夸奖，连严厉的父亲脸上也露出了微笑，柳公权感到很得意。

一天，柳公权和几个小伙伴在村旁的老桑树下摆了一张方桌，举行"书会"，约定每人写一篇大楷，以观摩比赛。柳公权很快就写了一篇。这时，一个卖豆腐脑儿的老头儿放下担子，来到桑树下歇凉。他很有兴致地看孩子们练字，柳公权递过自己写的字说："老爷爷，你看我写得棒不棒？"老头儿接过去一看，只见上面写的是"会写飞凤家，敢在人前夸"。老头儿觉得这孩子太骄傲了，皱了皱眉头，沉吟了一会儿才说："我看这字写得并不好，不值得在人前夸。这字好像我担子里的豆腐脑儿一样，软塌塌的，没筋没骨，有形无体，还值得在人前夸吗？"几个小伙伴都停住笔仔细听老人的品评。柳公权见老头儿把自己的字说得一无是处，就不服气地说："人家都说我的字写得好，你偏说不好，有本事你写几个字让我看看！"

老头儿爽朗地笑了笑，说："不敢当，不敢当！我老汉是一个粗人，写不好字。可是，人家有人用脚都写得比你好得多呢！不信，你到城里去看看吧!"

　　起初,柳公权很生气,以为老头儿在骂他,后来他决定到城里去看看。柳公权一进城门,就看见北街一棵大槐树下挂着个白布幌子,上面写着"字画汤"3个大字,字体苍劲有力,笔法雄健潇洒。树下围了许多人,他挤进人群去看,不禁惊得目瞪口呆。只见一个黑瘦的畸形老头儿,没有双臂,赤着双脚坐在地上,右脚夹起一支大笔,挥洒自如地在写对联。他运笔如神,笔下的字似群马奔腾,龙飞凤舞,博得周围看客们的阵阵喝彩。

　　柳公权这才知道卖豆腐脑儿的老汉没有说假话,他惭愧极了,心想:和"字画汤"老爷爷比起来,我真是差得太远。他"扑通"一声跪在"字画汤"面前,说:"我叫柳公权,我愿拜您为师,请收下我。请师父告诉我写字的秘诀……""字画汤"慌忙放下脚中的笔,对柳公权说:"我是个孤苦的畸形人,生来没手,干不成活儿,只得靠脚混生活。虽能写几个歪字,又怎配为人师?"

　　柳公权一再苦苦哀求,"字画汤"才在地上铺了一张纸,用右脚提起笔,写道:"写尽八缸水,砚染涝池黑;博取百家长,始得龙凤飞。"

　　老人对柳公权说:"这就是我写字的秘诀。我自小用脚写字,风风雨雨,已练了五十多个年头儿了。我家有个能盛八担水的大缸,我磨墨练字,用尽了八缸水。我家墙外有个半亩地大的涝池,我每天写完字就在池里洗砚,池水都乌黑了。可是,我的字练得还差得远呢!"

柳公权把老人的话铭记在心里,他深深地谢过"字画汤",依依不舍地回去了。

自此,柳公权努力练字,夜以继日,手上磨出了厚厚的茧子。他学颜体的清劲丰肥,学欧体的开朗方润,学"字画汤"的奔腾豪放,也学宫院体的娟秀妩媚。他经常看人家剥牛剔羊,研究骨架结构,从中得到启示。他还注意观察天上的大雁、水中的游鱼、奔跑的麋鹿、脱缰的骏马,把自然界各种优美的形态都熔铸到书法艺术里。

柳公权终于成为我国唐代著名的书法家。他的字结构严谨,刚柔相济,疏朗开阔,为书法界所珍视,与颜真卿的字并称"颜筋柳骨"。可是,柳公权一直到老,对自己的字还不满意。他晚年隐居在鹳鹊谷(现称柳沟),专门研习书法,勤奋练字,一直到88岁去世为止。

我的成长启示

　　勤奋是一种美德。我们只有勤于学习、勤于思考、勤于总结,才能不断进步。任何一项成就的取得,都是与勤奋分不开的。

勤奋好学的葛洪

■【阅读导航】■

　　如果说我有什么功绩的话，那不是我有才能的结果，而是勤奋有毅力的结果。

——达尔文

　　葛洪是我国晋代著名的医药学家。他自幼勤奋好学，广泛涉猎各领域，成为一个学识渊博的人。

　　葛洪能成为我国晋代著名的医药学家，与他一生的刻苦学习是分不开的。他平时寡言少语，爱动脑筋，善于思考，爱好幻想，对自然界发生的一切现象都有浓厚的兴趣，都想要了解个究竟，揭开它们的奥秘。他少年丧父，与母亲相依为命，过着清贫的生活。为了减轻母亲的负担，他经常帮助她做些杂事，并且一有空便去读书，特别喜欢读医术方面的书籍。

　　一天，葛洪与邻居几位同龄少年上山砍柴，在泉水旁吃完干粮，正准备下山时，忽然间下起了瓢泼大雨。小伙伴们急忙在一棵大树下躲雨，而葛洪却仍站在大雨中望着茫茫的天空沉思起来：是谁在一瞬间搅得乌云翻滚？又是谁引来风雨雷霆？一会儿，雨过天晴，东方天空悬挂着一弯五彩缤纷、鲜艳夺目的彩虹。小伙伴们挑着柴草，边下山边对彩虹叽叽喳喳地议论着："这道虹一定是蛟龙吐的气！""不，那是神仙搭的彩桥！""都不对，那是天上王母娘娘在晒彩带。"葛洪暗暗想："是龙吐气，为什么在雨后才有？神仙会腾云驾雾，造桥又有何用？王母娘娘晒彩带，又怎能抛下人间？"葛洪真希望能够从书本上找到这些答案。可是，家里一贫如洗，哪里还有钱买书！他想："如果不花钱就有用不完的笔墨纸就好了，这样我不就同样能够得到读书写字的机会了吗？"

有一天，葛洪在灶间帮助母亲烧火做饭。他将从山上砍来的干柴放进灶膛里烧，再把烧得乌黑的木炭拣出来。就在这放进去拣出来的机械动作中，他突然像发现了什么似的，边跳着边高声喊着："噢，有办法了！这木炭就是我的笔，山上的石板和岩壁就是我所要用的纸，不但不花钱，还用不完呢！"

从此以后，他每天用干荷叶包了木炭，揣在怀里上山，休息时，便在石板、岩壁上练字、默写。他每次上山砍柴都按这一办法做，日复一日，靠着这用不完的"笔"和"纸"，他的字愈写愈好，默写的诗文也愈来愈多。

过了一段时间，他把父亲留下来的一橱书全读完、弄懂了，便向邻居借书看。又过了一些时间，他把附近人家的书也全都看完了，又冒着炎炎烈日到丹阳城里的亲戚家去借书。

葛洪就是这样勤奋好学，小小年纪便写得一手好文章。但是，葛洪并不满足，他觉得前几年写的文章太肤浅了，于是把它们全烧了。从这以后，他写文章更加认真，有时为了改动一个字，废寝忘食，反复推敲，直到满意才停笔。人贵有志，他凭着这股发奋攻读的精神，在一生中撰写了许多好文章，而且成为我国著名的医药学家。

我的成长启示

　　葛洪在条件极其艰苦的时候，仍然没有忘记学习，他用木炭做笔，用山上的石板和岩壁做纸，去邻居那里借书。正是因为拥有这样勤于学习的精神，他才能够成为我国古代著名的医药学家。

"敢碰困难"和"肯学"的科学家

【阅读导航】

对搞科学的人来说，勤奋就是成功之母。

——茅以升

1986年，李远哲荣获诺贝尔化学奖。瑞典皇家科学院说，李远哲和这次一同获得诺贝尔化学奖的达德利·赫希巴赫、约翰·波拉尼为化学研究打开了新的领域，对反应动力学的发展作出了卓越的贡献。

除了有过人的天资以外，超乎寻常的努力和锲而不舍的精神，是李远哲成功的最主要原因。以前他读书时，每夜躲在实验室，碰到问题，不管是否三更半夜，拿起电话就打到指导老师家里。他自己说，他初中时看了《居里夫人传》，就立定志向，将来要在化学界一展抱负。

李远哲上大学时，虽然在化学系，却选了不少物理系的课。他像一头牛钻进菜园一样，头也不抬地"吃"起来。大一暑假他没有回家，跟化学系几位高年级同学研讨热力学。当时他有很多东西不懂，只有请教老师，后来把老师问住了，老师对他说："大一学生不要念这个，到了大四会念到。"

　　与李远哲相交三十多年的台湾"清华大学"教授张昭鼎认为，"敢碰困难"和"肯学"是李远哲具有的最重要的特质。他回忆道："李远哲一做起实验就什么事都不顾了。在台湾'清华大学'研究所时期经常如此，到美国当大学教授后还是一如从前。半夜是他正常的下班时间，整夜不回家才算是'加班'。李远哲的实验室四面无窗，有一次他做实验连做了三天三夜，根本就不知道日出日落。"

　　李远哲绝不错过任何一个吸收新知识的机会。就在他获得诺贝尔奖的第二天，他还把他班上的学生带到物理科学馆讲演厅，并跟百余位学生一起坐在台下，兴致盎然地观看一名英国教授做各项有关爆炸的化学实验，并专心倾听长达一个半钟头的实验讲解。

我的成长启示

　　人生的理想和未来，总是把握在自己的手中。每一个成功者都有很多艰辛付出的故事，没有人能够随随便便成功。

鲁迅成功的秘诀

【阅读导航】

没有加倍的勤奋，就既没有才能，也没有天才。

——门捷列夫

鲁迅的成功，有一个重要的秘诀，就是珍惜时间。鲁迅在绍兴城读私塾的时候，父亲正患着重病，两个弟弟年纪尚幼，鲁迅不仅经常上当铺、跑药店，还得帮助母亲做家务。为避免影响学业，他必须作好精确的时间安排。

所以，每天邻居们都会看到鲁迅早早出门去当铺，然后选择最短距离的路线直奔药店，买药回家后，一边帮父亲熬药，一边拿出书来读，争分夺秒地学习，有一次甚至把药都熬煳了。但是母亲没有怪他，她抚着鲁迅的头伤心地说："我不应该让你做这些事情，应该让你有更多的时间学习才是啊！"

此后，鲁迅几乎每天都在挤时间。他加快了走路的脚步，好节省出时间来帮助母亲做家务，也让自己多一些时间来学习。

后来，鲁迅离开家去外地读书，依然保持着这种精神，珍惜每一寸光阴。他说过："时间就像海绵里的水，只要愿挤，总还是有的。"鲁迅读书的范围十分广泛，又喜欢写作，他对于民间艺术，特别是传说、绘画，也有着深切的爱好；正因为他广泛涉猎各领域，多方面学习，所以时间对他来说，实在非常重要。他一生多病，工作条件和生活环境都不是很好，但他每天都要工作到深夜才肯罢休。

在鲁迅的眼中，时间就如同生命。"美国人说，时间就是金钱。但我想：时间就是性命。倘若无端的空耗别人的时间，其实是无异于谋财害命的。"在他的眼里时间是如此宝贵，而浪费别人时间的人又是如此可恶，因此，鲁迅最讨厌那些成天东家跑跑，西家坐坐，说长道短的人。在他忙于工作的时候，如果有人来找他聊天或闲扯，即使是很要好的朋友，他也会毫不客气地对人家说："唉，你又来了，就没有别的事可做吗？"这种不客气的态度，让对方很不好意思，只好赶紧离开了。久而久之，朋友们若没有重要的事情，就不敢去打扰他，因为浪费了鲁迅的时间是要被他讽刺的。

鲁迅甚至利用别人喝茶聊天的时间，抓紧学习和创作，所以取得了巨大的成绩。他不仅是一个文学家，更是一位革命家，他口诛笔伐反动派，针砭时弊，写出了很多激动人心的文章，成为当时进步青年学习的榜样。

我的成长启示

一个人对待时间的态度，决定着他能否有所作为。越是勤奋和执着，离成功也就越近。

勤奋智慧的人生

【阅读导航】

艺术的大道上荆棘丛生，这也是好事，常人望而却步，只有意志坚强的人例外。

——雨果

希顿出生于金斯敦的一个穷苦人家。因为破产受到打击，父亲疯了，希顿也由于父亲的不幸开始了不同寻常的生活。

他几乎没有受过什么学校教育，终日游荡，染上了许多坏习惯，幸运的是他没有被这些恶习毁掉。为了讨一口饭吃，他不得不在他叔叔开的一个小饭馆里干活。他把酒装进瓶子里，把瓶子塞好，然后把瓶子装到箱子里。这样的活计他一连干了五年。由于他的身体日渐衰弱，人也变得有气无力，他叔叔便把他赶出了店门，他又开始四处流浪。

在此后的七年里，希顿饱尝了人世间的人情冷暖、世态炎凉，看惯了潮起潮落、盛衰轮回，也经历了难以言说的酸甜苦辣。

他曾在自传中说："我花了18便士租了一间又阴暗又潮湿的房子。在寒冷的冬天，我生不起火，只好孤身一人躲在被子里，除了偶尔听听窗外的凄风苦雨外，我只能在书本中寻寻觅觅。"

后来他有幸在一家叫作伦敦餐馆的饭馆找到了一份工作，他得从早上7点到晚上11点待在地窖里工作。他很庆幸自己找到这份"美差"，但长期待在地窖里不见天日，加上繁重的工作，他的身体垮了下来，他只得丢下这个使他能勉强维生的工作。

不久，他又开始从事代理人的工作，每周赚15先令的薪水。在此之前，他曾利用许多业余时间练字，他的书法很漂亮，这是他这一次能当代理人的资本。工作之余，他把闲暇时间都用来逛书店。他买不起书，只能一段一段地读、记。长年累月，他积累了深厚的文学知识。后来，他换到了另外一个办公室，在这里，他每周可以获得20先令的

"丰厚报酬"——这只是对他而言。他仍然埋头学习、研究。在他28岁那年，他写了一本《熙泽奇遇》，并得以发表。

从那时起一直到死，在55年中，希顿一直从事辛苦的文学创作。他发表的著作有87本之多，最重要的著作是《英格兰大教堂古迹》。该著作共计14卷，是一部光彩夺目的辉煌之作，它是希顿辛勤一生的丰碑，是一座刻着"勤奋"二字的丰碑。

我的成长启示

对于有进取精神的人来说，苦难的生活是一笔财富。只要热爱学习，勇于付出，总会迎来苦尽甘来的时刻。

男孩成长宝典

男孩绝对不能尝试的事情

男孩喜欢刺激、冒险，总是充满着好奇心，想要去尝试一些没有做过的事情。但是，请男孩们注意，下面这些事情，是绝对不能尝试的。

★ 冬天里用舌头舔大铁门或铁栏杆

很快你就会被粘在大门或栏杆上，不能挪开舌头。因为铁器表面的温度低于零度，舌头贴在上面，铁的导热作用使舌头表面的水很快下降到零度以下，于是水结冰，舌头就粘在上面了。

★ 砍伐一棵树或者粗壮的枝干

砍伐掉的树枝将像标枪一样飞过你的耳朵，或者整棵树砸到你的脑袋上。如果你亲眼看到伐倒的树木的力量有多大，你就会放弃这个想法了。

★ 用手抓篱笆

篱笆可能是带电的，虽然电压还不至于让人有生命危险，但是它会让人感到疼痛。

★ 跳入不熟悉的湖水或河水里

头向下跳入不熟悉的水里，很有可能会脑袋撞到水底，这是非常危险的。

第 6 章

用幽默和宽容待人处世

幽默是一项重要的沟通艺术，也是衡量一个人能力、素质的重要指标。在与他人的沟通中，幽默不失为一种上乘的办法。如果言谈举止有幽默感，就会具有独特的风度与魅力，和他人之间的距离就会缩短。同时，幽默能够化解沟通中的矛盾与尴尬，是一种有效的润滑剂。

里根总统的幽默

【阅读导航】

幽默是生活波涛中的救生圈。

——拉布

在美国历届总统中，第40任总统里根被公认为是最有幽默感的总统。他曾说："在生活中，幽默促使人体健康；在政治上，幽默有利于自己的形象和得分。"在踏入政坛前，里根当过运动广播员、救生员、报社专栏作家、电影演员、电视节目演员和励志讲师，并且是美国影视演员协会的领导人。他的演说风格高明而极具说服力，被媒体誉为"伟大的沟通者"。

有一次，里根总统去日本访问，许多人对日美关系经常出现这样那样的摩擦的问题颇为关注。里根笑着解释说："日美关系是友好的，经济上的一些问题是难免的。日美就像一个家庭，时而会发生夫妻吵架的事。"

里根去访问加拿大时，他的讲话不时被反美示威的群众打断。里根身旁的加拿大总统特鲁多显得很不自在，里

根却笑着对他说："这种事情在美国时常发生。我想这些人一定是特意从美国来到贵国的。他们使我有一种宾至如归的感觉。"特鲁多这才舒眉微笑起来。

在里根第二次参加总统竞选时，他与迪斯尼·蒙代尔展开竞选辩论，老记者亨利·特里惠特冒失地指责里根说："总统先生，你已经是历史上最年老的总统了，你的一些助手说，在最近几次与蒙代尔的交锋中，你感到力不从心。我记得，肯尼迪总统在古巴导弹危机关头可以连续几天几夜不合眼，你难道没有怀疑过自己能否对付得了类似局面吗？"

里根幽默地笑道："我要让你知道，在这次竞选中，我不想把年龄问题作为争论点，我也不打算为了政治目的而去揭露对手的年幼无知。"里根靠这句妙语，赢了这次辩论。

我的成长启示

在沟通中，恰当地使用幽默的语言往往会避免发生不愉快的事情。巧妙避开锋芒转而谈其次，甚至承认自己的弱点所在，有时候恰恰能反败为胜。能言善辩的里根总统就是运用这样的技巧赢得了成功。

美妙的香格里拉

【阅读导航】

良好的幽默态度是处理一切难题的良方。

——海涛法师

故事发生在第二次世界大战期间。

1941年12月7日凌晨，日本未经宣战，用海空军突然袭击了美国太平洋舰队的母港珍珠港。珍珠港事件使美国的民心士气跌到最低点。为了唤起民众的信心，美国总统罗斯福决定不惜一切代价空袭日本东京，以向美国民众表明，珍珠港遭袭绝不是美国的末日，美军有战胜日军的能力。

1942年4月2日，"大黄蜂"号航空母舰载着16架经过改装的B—25型轰炸机驶离旧金山，在重巡洋舰"文森斯"号等6艘战舰的护航下，告别巍峨的金门大桥，消失在太平洋无边的雨雾中。

1942年4月18日，美军"大黄蜂"号航空母舰静静停泊在海湾中。航空母舰甲板上，黑压压地停满了一架架美国空军飞机，整装待发。

随着一声令下，这一架架飞机腾地升空，冲入云海，飞往日本海岛。当天，日本首都东京遭到了这些飞机的轰炸。一颗颗被扔下的炸弹落地开花,爆炸声震耳欲聋,日军一时惊恐万状,人心惶惶。

这次空袭大大地打击了日军的嚣张气焰。美国总统罗斯福兴奋异常,为鼓舞盟军士气,他决定在当天召开一个新闻发布会,准备公布这条新闻,借助新闻媒介大造舆论。

罗斯福兴奋了一阵后,逐渐冷静了下来。他在总统办公室里踱来踱去,喃喃自语:"美国的新闻记者们个个铁嘴钢牙,变着法子要掏出独家新闻。这次空袭东京,日军并不知道美军飞机的正确方向。万一这些嗅觉灵敏的记者们穷追不舍地问到这个问题,岂不要暴露"大黄蜂"号航空母舰的准确位置?岂不是给美国以后的作战行动带来严重后果?"

终于,他脑中闪过了一个美妙的字眼儿。

新闻发布会如期召开。会场大厅上,群情高涨,许多记者为这次空袭争论得面红耳赤。

果然,有一名记者抢先发话:"总统先生,这次空袭消息一旦公布,一定会大大鼓舞盟军的士气。不过,你能否讲出美军飞机的准确起飞地点?"问题触及了关键,会场一下子鸦雀无声。电视台、广播电台的记者纷纷举起了摄像机、话筒,报刊的记者们均举起笔等候记录。

罗斯福脱口而出:"香格里拉!"

香格里拉,意为世外桃源。

"嗬!"记者们发出一片欢呼声。因为这妙语为空袭增添了鼓舞人心的喜剧色彩。

上哪儿去找这确切地址?企图从这次新闻发布会找出些蛛丝马迹的日本情报机关更是大失所望。

我的成长启示

回答政治上的敏感问题要幽默、要巧妙、要滴水不漏,罗斯福巧妙地借文学里的名词来回答记者,既不失风度,又显得幽默。我们在平时的生活中也应学会运用幽默的语言来化解难题。

酒桶里的第欧根尼

【阅读导航】

一个真有幽默感的人别有会心，欣然独笑，冷然微笑，替沉闷的人生透一口气。

——钱钟书

第欧根尼是古希腊著名的哲学家，被认为是"犬儒学派"的一位杰出首领。这位历史上的奇人最奇怪的举动便是爱在酒桶里生活。

有一次，亚历山大大帝来到科林特市，途中看见路上有一只大桶，桶内站着一个穿着破烂衣裳的人，正要把一个喝水用的杯子扔掉。亚历山大断定他就是赫赫有名的奇人第欧根尼。原来，第欧根尼主张人要回到原始的大自然状态中去，像动物那样在大自然中生活，不需要一切人工制造的东西。所以他要把杯子扔掉，为了证明人完全可以依赖自然生活。

亚历山大大帝说："你一无所有，哪里是什么学派的首领，简直像个奴隶。"

第欧根尼回答："当奴隶有何不好？我曾被人揪住带到奴隶市场上卖过，我当时就是奴隶。在市场上卖奴隶，要了解奴隶的特长。有人问我有什么特长，我说我的特长就是当主人。我的话在市场上一传开，顿时把前来买奴隶的人都气跑了……其实，当个有做主人特长的奴隶，不是很好吗？"

第欧根尼回答问题时的机智，给亚历山大大帝留下了深刻的印象。亚历山大大帝碰上这等有趣之人，下决心要帮助他。

"你有什么要求请讲，我一定满足你。"

第欧根尼躺在酒桶里伸伸懒腰，想了想说："我只要求你让开，因为你遮住了我要晒的太阳。"

亚历山大大帝听罢，感叹道："我若不是国王的话，就去做第欧根尼。"

非同寻常的言语竟对一位权势赫赫的君王显得如此有魅力！

像这类既富有哲学理念，又似乎荒诞可笑的言语，第欧根尼还有很多。

第欧根尼养成了在大白天点着灯走路的习惯。当有人诧异地问他为什么如此时，他就说："我正在找人。"第欧根尼其实是在讽刺当时社会上没有一个真正称得上"人"的有德行的人。这种奇语，既简单又易记，既通俗又深刻。第欧根尼有许多几乎是诗句的回答，处处闪烁着哲理的光芒。

有人问第欧根尼："世界上什么最难？"

"认清自己和隐瞒自己的思想。"他这样回答。

又有人与第欧根尼谈起一位财主，问第欧根尼他是不是很富有。

"我不知道，"第欧根尼答道，"只晓得此人有很多钱。"

"那你就是说他是富翁啊！"

"富翁与很有钱不是一回事，"第欧根尼说，"真正的富翁是那些完全满足于其所有的人；而竭力追求更多地占有，要比那一无所有却

泰然处世的人还要穷困。"

在这里，第欧根尼巧妙地避开"富翁"和"很有钱"在经济价值上的关联，而对其进行了哲学概念上的深层揭示，有力讥讽了当时社会上的那种倾慕财主的庸俗倾向。

第欧根尼，真乃奇辩之才!

我的成长启示

第欧根尼行为怪诞、不羁，语言幽默、风趣，处处体现了一个哲学家的睿智。只有以强大的知识做后盾，才能像第欧根尼一样，做一个生活的智者。

受人欢迎的鲍勃·霍伯

【阅读导航】

幽默被公正地誉为最佳诗才。

——托·卡莱尔

　　美国人颇以幽默为荣，惯用幽默展现魅力的美国明星大有人在，其中以风靡国际的鲍勃·霍伯最为著名。他的表演之精彩、幽默功力之深厚，是其他脱口秀的明星难以望其项背的。

　　鲍勃·霍伯的幽默表演能力，应该是与生俱来的。据说，鲍勃·霍伯所受的正规教育并不多，他在高中二年级时便辍学了，一心只想成为明星，于是动身到好莱坞去找机会。

　　一开始，鲍勃·霍伯跟一般人一样，填写履历、参加面试，但或许是由于他的年纪真的太小了，连续几家电影公司的面试官都毫不留情地拒绝了他，要他过几年成熟一点儿后，再来重新试试看。

　　鲍勃·霍伯心想这样下去不是办法，为了圆自己的明星梦，鲍勃·霍伯决定用不一样的方式来对付那些难缠的面试主考官。

　　最后一次面试的时候，鲍勃·霍伯经过漫

长的等候，终于进了主考官的办公室，坐在长桌另一端的那群西装笔挺的考官们，似乎已对这些面试者失去了耐性，一见到鲍勃·霍伯走进办公室，便很不客气地直接问他："你的资料我们都看过了，不用再多说废话，你自认最擅长的表演是哪一项？简短回答！"

这样的面试，正好对上鲍勃·霍伯的胃口，他很快地回答道："我最擅长的表演，就是让人捧腹大笑！"

主考官一脸不屑地说道："让观众笑？你有这种本事吗？现在马上给我当场表演，越快越好，越短越好！"

鲍勃·霍伯早就决定了不按常理出牌，他毫不犹豫，立刻转身打开办公室通向外面的房门，对着外面其他等候的面试者大叫："喂，你们都可以回家吃饭了！他们已经决定录取我啦！"考官们顿时发出了一阵由衷的大笑。

这个出奇制胜的高招，让鲍勃·霍伯找到了第一份演艺方面的工作，也奠定了他日后大放异彩的成功基础。

有一次，他在越南慰问义演，有人问他："你老是开总统、议员、州长和其他达官显要的玩笑，为什么从来不会出事呢？"鲍勃·霍伯幽默地说："谁说不会出事？你想想看，我是怎么一再被派到越南来的呢？"在探视受伤的官兵时，他常自嘲说："你一定是看过我昨晚的表演之后，才感到不舒服的，对吗？"

鲍勃·霍伯正是凭借着这样一种幽默、风趣的方式，不但获得了观众的笑声，也得到了无数人的敬爱。

我的成长启示

幽默是一种威力强大的武器，用幽默的言辞可以化解许多矛盾。你总是那么严肃吗？其实严谨和幽默是可以并存的。一个幽默的人可以使周围的人如沐春风，不但能够调解紧张气氛，还能够拉近人与人之间的距离。

霍加教驴子念书

【阅读导航】

　　幽默是多么艳丽的服饰，又是何等忠诚的卫士！它永远胜过诗人和作家的智慧；它本身就是才华，它能杜绝愚昧。

——司各特

　　有人牵着一头高大的驴子来到王宫，献给国王。众大臣都恭敬地说这头驴子如何如何好，无非是想讨好国王。国王高兴地问前来做客的霍加·纳斯列丁："霍加，你看看这头驴子怎么样？"

　　霍加说："这驴子好极了，如果有人训练它，它将会学会识字呢！"国王和众大臣都惊呆了，还没有人敢夸下这样的海口呢！国王以为霍加是随便说说的，为了难一难霍加，他马上一本正经地说："我知道霍加是很有智慧的人，而且出色地担任过教师。现在我正式任命你担任这位很有才能的驴子的教官，如果它能识字的话，我将会重重地奖赏你。如果你教不会它识字的话，那么，我将会重重地惩罚你。"

　　霍加却胸有成竹地说："陛下，你先要预支一些培训费——为驴子当教官，这毕竟是开天辟地第一遭，别人是干不了的，我干当然也需要教育经费，而且还需要3个月的培训时间。"国王知道霍加一向爱开玩笑，这事到后来必定是以霍加受到大家的取笑而告终，就满足了他的要求，以便到时看场"好戏"。

3个月一晃而过。在一个广场上，"学业期满"的驴子被霍加牵来了。今天，这头披红挂绿的驴子，将要在这里接受国王的考查。广场中央放了一条板凳，上面预先放好了一本书。霍加牵着驴子向四面八方拥来的人点头打招呼后，就开始展示自己的教育成果——驴子走到书前，急速地用舌头一页一页地翻阅着书，翻了几页，就转身向霍加发出悲哀的号叫声，仿佛在背诵着什么悲惨的故事。如此几次，驴子终于把一本书翻阅完毕。国王和所有在场的看客都哈哈大笑起来，其中有的还发出惊讶的叫喊声。国王没有食言，把准备好的一大堆礼物当场赏给了霍加。最后，他问："霍加，你能讲讲教育驴子的窍门儿吗？"

霍加说："教育驴子和教育人的方法当然应该有所不同。作为驴子的教官，我想应该为我的新学生准备一本别致的教材——我买了一百张羊皮纸订成了一个厚厚的本子，在页与页之间都撒上了大麦，每天我打开本子好几次，把大麦给驴子看，驴子就"尊口大开"，大嚼一顿。过了几天，我把本子放在它面前，让它自己打开，大麦的香味教会了驴子自己用舌头翻书。为了使它在今天不出洋相，我也免受耻辱，我有时让它挨饿，耐心地教它用舌头正确地一页一页翻本子。有时我不放大麦，它就一边翻书，一边发出饥饿的号叫声。这次它已经两天没有吃东西了，因此，刚才它翻遍了每一页羊皮纸，都没有找到大麦，就对我痛苦地号叫起来。"有人说："这叫什么念书啊？"

霍加说："如果谁指望驴子能发出更加悦耳动听的念书声的话，恐怕他就要加入驴子的行列了吧。"

我的成长启示

霍加聪明地让驴子学会"阅读"，并运用幽默的反驳让那些看热闹的人找不到反驳的理由。他机智的应对，幽默的语言，彰显了他人格的力量，他正因此成为了一代幽默大师。

善意的牧师

【阅读导航】

幽默可谓对生活不调和部分善意的考虑以及艺术的表现……而幽默的根本则是人性善良的一面。

——李卡克

一位牧师正在向周围的一群听众讲解教义。牧师的声音很好听，而且他能把那些平常令非教徒感觉枯燥无味的教义讲解得非常生动。他说："上帝深爱着他的每一位子民，并且给予了他们同样公平的机会和能力，只不过有的人对深藏在自己体内的能力发掘得较早，而有的人则晚一点儿而已。只要不放弃，每个人都会得到上帝的帮助。共同努力吧，每一位上帝珍爱的子民，每一位从天而降的完美天使！"

当牧师准备走下讲坛的时候，周围的群众当中有人表示，牧师的讲解虽然煽动人心，可是并没有正确地按照事实说话。首先向牧师提出疑问的是一位嗓门儿很大的青年男子。这位男子用右手食指指着自己的塌鼻子对牧师说："如果像你说的那样，上帝对他的每一位子民都是公平的，那他为什么把别人塑造成漂亮的天使，而我却长着这样一个难看的鼻子？"

青年男子的话引起了周围人的一阵哄笑。他们的这阵笑声令青年男子感到不开心。他认为众人是在嘲笑自己的塌鼻子，所以直直地瞪着牧师，等待牧师的回答。

牧师依然微笑着，用自己娓娓动听的声音回答了青年男子的问题："你当然也是上帝最珍爱的完美天使，只不过在从天而降的时候，你的鼻子先着地而已。"牧师的话说完，周围的人露出会心的微笑。青年男子也明白此时人们的笑充满了善意和理解。

接下来，又有一位天生跛腿的女子向牧师就自身的生理缺陷提出了疑问，她认为上帝对自己极不公平。

牧师用同样的声调和态度对眼前这位看上去很自卑的女子说："在你从天而降的时候，你忘了在降落的过程中打开降落伞，而且你是用单腿着地的。"然后牧师指了指自己的一双短腿笑着说道："我同样忘记了在降落的过程中打开降落伞，不过我是双腿一齐着地的。"当牧师的话音落下之后，讲坛下响起了一片掌声，而那两位提出疑问的青年男女的脸上洋溢着难得的自信笑容。过去他们总是为自己的一点儿缺陷而自卑、难过，可是现在他们可以从容地站在人群当中了，因为他们相信，自己同样是上帝珍爱的完美天使。

我的成长启示

幽默其实是智慧的一种表现形式。善意而沁人心脾的话，能够给人以轻松愉悦的感觉。这种话更容易让人接受和喜欢，说话的人也更容易得到别人的关注和喜爱。所以，我们在平时与人交流时，实在是有必要注意自己的说话方式，在说话之前应该好好儿想想，这句话会让别人喜欢，还是会让别人心生厌恶。

化敌为友

【阅读导航】

一个伟大的人有两颗心：一颗心流血，一颗心宽容。

——纪伯伦

1754年，美国独立以前，弗吉尼亚殖民地的议会选举在亚历山大里亚举行。后来成为美国总统的乔治·华盛顿上校，作为那里的驻军长官也参加了那次选举活动。

选举后期，主要是两个候选人在竞选。大多数人都支持华盛顿推举的候选人。但有一名叫威廉·宾的人则坚决反对。为此，他同华盛顿发生了激烈的争吵。争吵中，华盛顿失言，说了一句冒犯对方的话，这无异于火上加油。脾气暴躁的威廉·宾怒不可遏，用重重的一拳把华盛顿打倒在地。

华盛顿身边的朋友围了上来，摩拳擦掌，群情激愤，要揍威廉·宾。驻守在亚历山大里亚的华盛顿的部下

听说自己的长官被辱，马上荷枪实弹跑过来助阵，气氛十分紧张。

在这种一触即发的情况下，只要华盛顿一声令下，威廉·宾就会被痛打一顿。然而，华盛顿克制了自己，使自己的头脑冷静下来。他用命令的口吻平静而坚定地说："这不关你们的事！"就这样，事态才没有扩大。

第二天，威廉·宾收到了华盛顿派人送去的一张便条，要他立即到当地的一家小酒店去。威廉·宾马上意识到，这一定是华盛顿约他决斗。于是，富有骑士精神的威廉·宾毫不畏惧地拿了一把手枪，只身前往。

一路上，威廉·宾都在琢磨如何才能打倒身为上校的华盛顿。但当他到达那家小酒店时，却大为意外：他见到了华盛顿的一张真诚的笑脸和一桌丰盛的酒菜。

"威廉·宾先生，"华盛顿热诚地说，"犯错误乃是在所难免的事，纠正错误则是件光荣的事。我相信，我昨天是不对的，你在某种程度上也得到了满足。如果你认为到此可以和解的话，那么请握住我的手，让我们交个朋友吧！"

威廉·宾被华盛顿的行为感动了，忙把手伸给华盛顿："华盛顿先生，也请你原谅我昨天的鲁莽和无礼。"

从此以后，威廉·宾成为华盛顿忠实的朋友和坚定的拥护者。

一般人被打倒在地时，是很容易失去理智，做出一些冲动的事来的。难能可贵的是，华盛顿在盛怒之下能恢复冷静，在绝对优势之下能不以强凌弱，反而能以退让、宽容和友善来解决问题，化干戈为玉帛，化对手为兄弟。

我的成长启示

没有化敌为友的胸怀，就不能成就大业，更不能承担引领整个国家的重任。宽容的华盛顿所获得的不仅仅是一次小小的争斗的平息，更重要的是有了新的朋友和更多的拥护者。

把浩瀚的海洋装在心里

【阅读导航】

> 智慧的艺术就是懂得该宽容什么的艺术。
>
> ——威廉·詹姆斯

姚明在NBA赛场刚亮相时，表现不佳，很多人都对他能打好比赛持怀疑态度。当时，美国的一个体育脱口秀节目《ＴＮＴ》，在直播时谈起姚明，主持人巴克利笑得前俯后仰，一脸轻蔑与不屑："姚明是中国的傻大个儿，根本不会打篮球。"

他的搭档史密斯立即反驳："我看好姚明的潜力，也许他将来能拿到19分。"

巴克利寸步不让，竟然当众与史密斯打赌："如果姚明单场能拿到19分，我就亲吻你的屁股！"

对姚明而言，这哪是打赌，分明是奇耻大辱！通过电波，此事迅速传遍了全世界，引起轩然大波，不少人对巴克利口诛笔伐，国内媒体甚至一度将巴克利称作"恶汉"，唯独姚明选择了沉默。

事隔不久，姚明不负众望，给了巴克利沉重一击。2002年11月18日，美国洛杉矶斯台普斯中心座无虚席，火箭队客场挑

战湖人队，姚明终于爆发，接连得手，看台上早已沸腾，不断有人高喊："巴克利亲屁股！"

此场比赛姚明上场22分钟，共得了20分，抢下6个篮板，帮助主队以93比89将湖人队挑落马下。

此时最沮丧的莫过于巴克利，因为人们都记着他的赌注。当晚《TNT》准时直播，为了避免行为不检，史密斯特意牵了一头驴进了演播室，暂时代替自己。众目睽睽之下巴克利满脸尴尬，不得不硬着头皮亲了一口驴屁股。

那天我专门守着电视，目睹了"恶汉"巴克利的狼狈相。真是大快人心，他也算"恶有恶报"了。毫无疑问，此刻最解恨的人莫过于姚明，只可惜没有亲眼看见姚明如何"回敬"巴克利，对此一直引以为憾。

直到前不久，美国纪录片《挑战者姚明》在国内发行，我心中的谜团终于解开。比赛刚结束，在火箭队休息室，电视上正在直播巴克利亲吻驴屁股的镜头，顷刻间掌声雷动，队友们欢呼雀跃，纷纷走上前向姚明表示祝贺。聪明的记者不失时机地给姚明递上了话筒，问他此时有何感想。姚明淡然一笑，说："我觉得巴克利很有意思，他没什么恶意，只是想制造点噱头而已。"意外之余，我被打动了。

对曾给自己制造了奇耻大辱的"敌人"，姚明大获全胜之后，非但没有痛打落水狗，反而出言为巴克利开脱，这是何等的胸襟！是啊，如果一个人心里装不下浩瀚的海洋，又怎么可能拥有整个世界？面对"小巨人"，我们没有理由不仰视。

（作者：姜钦峰）

我的成长启示

　　对曾给自己制造了奇耻大辱的"敌人"，姚明用其海洋般宽阔的胸怀为他开脱。一只脚踏在鲜花上，鲜花却把芳香留在了脚上，这就是宽容。

走进兵器世界，感受铁血军魂

（一）航母之王　美国"尼米兹"级核动力航空母舰

兵器档案

- 型号："尼米兹"级核动力航空母舰
- 飞行甲板长：332.9米
- 飞行甲板宽：76.8米
- 舰载飞机数：八十余架

　　"尼米兹"级核动力航空母舰是目前世界上排水量最大、舰载机最多、现代化程度最高、作战能力最强的航空母舰。这四项之最足以让它成为现代航空母舰中当之无愧的王者。

　　"尼米兹"级核动力航空母舰体形空前庞大，有20层楼高；甲板超长超宽，相当于3个标准足球场。它每40秒就可以有一架战斗机降落。舰上还有百货商店等各种生活设施，绝对是一个标准的"海上城市"。

（二）两栖勇士　美国"圣安东尼奥"级两栖船坞登陆舰

兵器档案

- 型号："圣安东尼奥"级两栖船坞登陆舰
- 舰长：208米
- 舰宽：32米
- 满载排水量：约25000吨

　　"圣安东尼奥"级两栖船坞登陆舰是第一艘采用"虚拟现实"技术设计的战舰，也是美国海军为实施其"由海向陆"新战略而建造的第一批新一代战舰之一。

　　它具有极强的隐身性，在两栖战舰中率先采取了雷达隐身措施及先进的反探测技术。它主要采用舰载气垫登陆艇、直升机实施登陆作战，具有装卸和运输部队、登陆艇、直升机、重型车辆和货物的能力。

第 **7** 章

责任是男子汉
最大的担当

　　责任有一种神奇的力量,它能成就一个人的能力。人只有有了责任感,才能具有驱动自己一生都勇往直前的不竭动力,才能感受到自我存在的价值和意义,才能真正得到人们的信赖和尊重。

只为心安

【阅读导航】

一切责任的第一条：不要成为懦夫。

——罗曼·罗兰

2007年1月的某天傍晚，塞纳昂驾着一辆福特汽车从波特兰赶往谢里登签一份订购合同。塞纳昂一路飞奔，六百多公里的路程不到3个小时就跑完了。

停车的时候，借着灯光，塞纳昂发现右前轮上沾有异样的东西，他走近仔细一看，很像是血迹，还有一股刺鼻的血腥味。塞纳昂紧张起来，难道是自己快速赶路撞上了人？他反复回忆，似乎没有车子碰撞物体的印象。但塞纳昂仍不放心，立马上车，发动引擎，掉转车头，准备沿来路察看。这时，等待签约的商业伙伴打来电话，催他快一点儿。塞纳昂解释说自己有急事，等会儿就到。对方很不高兴，嚷道："见鬼去吧，你这个不守时的家伙！"随即挂了电话。塞纳昂怔了怔，那可是一笔300万美金的合同啊！可是，他还是驱车上了路。

在大雾弥漫的夜色中，塞纳昂边开车边沿途察看。最后，在高速公路行程近一半的路边，他看到有一个人躺在那里，于是赶忙停车下去。躺在地上昏迷不醒的是一位十三四岁的女孩。她的头部受了伤，血流了很多。塞纳昂连忙把女孩送到医院。经过抢救，女孩脱离了生命危险，但还是昏睡不醒。

警方联系上了女孩的父母，这对丧失理智的夫妇咆哮着打起塞纳昂来。但塞纳昂不作辩解，默默忍受着。

那个女孩——凯瑟琳昏迷了26天，塞纳昂寸步不离地守护了26天，还花费了38000美金的医疗费。可喜的是，第27天，凯瑟琳终于清醒过来，并且向人们说出了事实的真相：事发当天，她到郊外写生，在返回途中，被一辆迎面驶来的摩托车撞倒，塞纳昂车轮上之所以有血迹只是因为经过凯瑟琳身边时沾上了流到地上的血。真相大白，塞纳昂事后对记者说："当时我只想到，如果我不返回察看，我一辈子都不会心安。而且从事情一开始，我的做法就让我心安，我从未想到过后悔。"

的确，心安是一个人做人的出发点，也是归宿。当一个人为了逃避责任而丢下一个受伤的女孩在路边的时候，他丢弃了自己的责任，同时也会遭受长久的良心的谴责。而塞纳昂会过得安稳踏实，因为他做了自己应该做的事情。

（作者：南乡子）

我的成长启示

塞纳昂并不确定是他撞到了人，可是他还是第一时间承担起了全部的责任，哪怕要支付高昂的医疗费用，还要受女孩父母的责难。但和这些相比，受到良心的谴责更让他难以忍受。做人，就要让自己心安。

坚守承诺

【阅读导航】

一个人做他所要做的——无论任何所要承受的结果，无论任何阻难、危险与压力——这即是人类道德之本。

——约翰·肯尼迪

很久以前，有一个将军带领自己的军队反击敌国的军队，经过几个月的奋战之后，由于敌我双方力量悬殊，他的军队覆灭了，于是将军就伪装成一个农夫逃进了森林。

太阳每天东升西落，不过这时他看到这些已无动于衷了，因为他实在太饿了，没力气去管这些了。饥饿疲惫的将军走在森林里，他快要饿晕了。正当他绝望的时候，他忽然看到眼前有一间伐木人的小屋，他便敲开了小屋的门，伐木人的太太从屋里走了出来。

将军问她能不能给他一些吃的，并请求在那里住一晚上。经过几天的逃亡，将军身上的衣服已经破烂不堪，因为他的外表太寒酸了，伐木人的太太并没有看出他真正的身份。她对将军说："如果你能帮我看着这些放在炉子上的面包，我就让你吃一顿晚饭，我现在要出去挤牛奶。你要仔细地盯着面包，烤煳了的话，所有人都没得吃了。"

将军点头答应后，就倚在火炉旁目不转睛地盯着面包。但不一会儿，他的脑袋里就全是他的烦恼：怎样重整自己的军队，之后又怎样抵御敌人。他越想越感到希望渺茫，几乎快要绝望了，他甚至开始觉得再怎么奋斗也是徒劳无功的。

过了不久，伐木人的太太回来了，她看到满屋子都是烟，面包都已变成了烧焦的脆片，而将军则坐在火炉旁，出神地看着火焰，根本就没有意识到面包烤焦了。

伐木人的太太气急败坏地叫道："你又懒惰又没用，看看你都做了什么，你让我们都没有晚饭吃了！"将军这才意识到，自己没有做好答应人家的事，惭愧地低下了头。

刚好伐木人回来了，他认出了将军。他对太太说："你知道你骂的是谁吗？这是我们高贵的将军。"

伐木人的太太吓得面色惨白，她赶紧给将军跪下，请求将军别和她一般见识，原谅她的愚昧。

将军把她扶了起来，说："你没有任何错误，我说我会看好面包，却把面包烤焦了，我被你骂是应该的。任何人只要接受了任务，不管任务大小都应该努力地去做好，以尽到自己的责任。这次是我的错误，我会永远记住这次的教训的。你启发了我，我没有完成我的承诺，现在我明白我该做什么了。"

半个月后，将军重新招兵买马，并一举打败了敌军。

我的成长启示

　　我们每个人肩膀上都有不同的责任，这些责任有的是社会赋予的，有的是家庭赋予的，还有的是我们自身给予的。对这些责任，我们不应该推卸或者忽视，而应该勇敢地去承担。做一个有责任心的人，你会发现你与之前的自己是多么不同。

对自己的言行负责

【阅读导航】

要使一个人显示他的本质，叫他承担一种责任是最有效的办法。

——毛姆

一家物贸集团公司准备提拔一位经理，消息传出去后大家都蠢蠢欲动。在职工大会上，老总说："这次提拔经理，大家可以在近一个月内，去展现自己的才华。不管工作年限长短，只要有才华，对公司的长远利益有好处，公司都可以考虑。"

听了这个振奋人心的消息后，大家都开始准备大显身手了。公司里有许多有着显赫学历背景和丰富工作经验的人，在述职大会那天，每个人的举手投足都是那么自信。然而最后，让人意想不到的是，老总提拔了一个默不作声的年轻人。

老总把年轻人叫到前面来，对大家说："当我提出要提拔经理的时候，大家更看重的是这个职位，而不是这个职位上的工作。当我把工作交代下去的时候，许多人都表现出了应付的心理。而当我问起能不能完成工作的时候，所有人都说能完成。只有他，一五一十地说明了在工作中可能遇到的困难，最大限度能完成多少工作，并认真实施。在选拔经理的时候，我说过要慎重，我看重的不是你的

学识和你的才华，而是你是否真正想干工作，以及在工作中，你所说的每一句话是否本着一种负责任的态度。"

大家很不服气，每个人都觉得自己比这个年轻人强一百倍，有人甚至还说他根本无法胜任这个职位。在以后的工作中，大家都拭目以待。

这个年轻人话不多，但是，凡是他管理过的仓库总会井井有条，货物清单条目清楚。有时，有人故意跑到他负责的地方问一些数据，他总能分毫不差地报出来。有一次，一个也曾对这个经理的位子垂涎的人来到他这里取货，想故意刁难他一下，就开始问起货仓的数据来，年轻人依旧对答如流。后来被问到一个特别复杂的数据的时候，这个年轻人答不上来了，马上去找记录。那人终于抓到了他的把柄，就准备好好嘲笑一下这个年轻人："听说你是'数据诸葛亮'，难道这么简单的一个数据就把你难住了不成？"

这个年轻人看了看他，笑着说："对于这个数据的基本状况我是了如指掌的，但是具体的数字我记得有些不准确了，或者说有些模糊不确定。我不想给你报出一个我自己没有把握的数字，所以我要查一下记录，而不是像你所说的那样，我被一个简单的数据难倒了。"

这个人听了以后由衷地佩服这个年轻人，从此，再也不故意找他的麻烦了。

在工作中，能够真正对自己的言行负责，不是一件容易的事情。人们的责任心像一架天平一样，稍有偏差就会出现不同的结果。而当天平偏向对自己的言行负责这一边时，你就会获得他人的信任和尊重。

我的成长启示

　　任何人都应该对自己的言行负责，这是做人的基本原则，也是一个人起码的道德准则。一个对自己言行负责的人，更容易让人信赖和认同。

林肯的道歉

【阅读导航】

责任并不是一种由外部强加在人身上的义务，而是我需要对我所关心的事情作出反应。

——弗洛姆

林肯小时候家里很穷，父母亲没有足够的经济实力给小林肯买书看。尽管他的母亲总设法满足他看书的愿望，但对十分渴求书本的林肯来说，这是不够的，因此他经常去别的小朋友那里或是邻居家里借书。

他经常去邻村的鲍里斯医生家帮忙干农活，这样可以为父母亲分担一些压力，减轻一点儿家里的经济负担。有一天，小林肯无意中发现了一本《华盛顿传》，他兴奋异常，于是大胆地向医生借这本书，医生也是刚刚得到这本书，非常喜欢，当然有些舍不得，不过他还是问小林肯："你真的这么喜欢这本书吗？""是的，医生，我非常想看这本书。因为我很崇拜华盛顿总统，长大了也希望做一个像他那样伟大的人。医生，求求你了，我就借一天，明天就能还给你了，我保证马上就能送还给你。请相信我吧。"

"这是一本新书，而且我是非常爱护书本的人，你能保证不会损坏它吗？"小林肯作出了保证，于是鲍里斯医生将书借给了他。

小林肯喜出望外，一回到家里就废寝忘食地看了起来，一直看到深夜两点钟。他的母亲不断催促他早点儿睡觉，他才恋恋不舍地回屋睡觉了。半夜的时候，他被一声震耳欲聋的雷声惊醒，马上意识到屋里开始漏水了，糟糕，放在外屋的书！小林肯赶忙跳下床，去营救那本书，可一切都已经晚了，新书早已被水打湿了。面对这样的情景，小林肯有些不知所措，但他的母亲这样对他说："孩子，书已经湿了。你不是答应鲍里斯医生要好好儿保管这本书的吗？那么你就要对此负起责任来，不要怪天气不好，只能怪你自己没有保管好书。明天你就去鲍里斯医生那里，请求他的原谅。"

　　第二天，小林肯只好硬着头皮去医生家里，非常歉疚地把事情告诉了医生，并且希望得到医生的原谅。可是当医生看到皱巴巴的书时，着实很生气，他大声地训斥林肯："你不是答应要好好儿保管这本书的吗？怎么让它变成了这副模样？""医生，我知道这件事情不能怪天气，只怪我没有将书放在一个安全的地方，我只是随手扔在桌子上了，真是对不起，你能原谅我吗？我会为此负责任的，我会赔偿你的损失的。我可以为你工作，然后用工资偿还，可以吗？"小林肯真的非常希望得到医生的原谅，他说得很恳切。"那就这样吧。"医生同意了。林肯为医生干了三天的活，又抽时间看完了那本书。医生被他的这种精神深深打动了，最后还将那本书送给了林肯。

　　林肯就是凭着这种精神不断努力，后来成了美国历史上最受人民爱戴的总统之一。

我的成长启示

　　一个人的责任感，并不仅仅体现在大是大非面前，更多体现于小事当中。有较强责任感的人不仅能够得到他人的信任，也会在通往成功的道路上奠定坚实的人格基础。

爱吃冰激凌的汽车

一个人若是没有热情，他将一事无成，而热情的基点正是责任心。

——列夫·托尔斯泰

托利是一家汽车公司的客服工程师。一天午后，他接到一个投诉电话。那位先生很生气地说："你们生产的汽车真是太奇怪了，我每次开车去买冰激凌，车就开不回来；去买冰棍儿却一切正常。请告诉我，这到底是怎么回事！难道你们生产的汽车喜欢吃冰激凌吗？"

托利感到莫明其妙，他以为是有人故意搞恶作剧。一辆汽车怎么会爱吃冰激凌呢？这不是天大的笑话吗？

托利在听到那人这么说了之后，心里忍不住想笑。托利很想直接建议那位先生去看看心理医生，或是规劝他只买冰棍儿，但托利忍住了，这不符合职业道德。虽然只是一个玩笑，但是在这个时候说出口似乎不是很合适。

最后，他还是决定派人到现场观察一下。工作人员先把车开到客户常去的便利店买冰棍儿，一切正常；接着，又把车开到客户常去的冷饮店，结果等到他拿着冰激凌上车后，真的出问题了，汽车无论如何都启动不了。

难道汽车真的对冰激凌有特殊的喜好吗？工作人员回到总部，把情况如实反映给托利。托利听到这个消息，吃惊极了，看来问题还真的存在。他为自己接到客户电话的时候萌生不尊重的想法感到后悔，虽然那些话并没有说出口，但是至少他那么想了，而且还认为客户需要看心理医生，这对一个如实反映问题的客户来说，太不公平了。

托利和其他同事花了几天几夜，终于把问题找出来了。原来是时间问题。冰棍儿都是包装好的，即买即走，所以一般会在一分钟内重新启动汽车；而那家冷饮店的冰激凌则是现买现做的，一般要等四五分钟，结果，汽车就启动不了了。原来是那位顾客的汽车引擎出了毛病。

客服部把问题交给了研发部。研发部立刻改进了引擎技术，把这一问题彻底地解决了。这个有趣的现象本来是被人们当作玩笑来讲的，可是没想到托利和他的团队如此认真地对待了这个问题，并且给出了可行的解决方法。从此以后，这家汽车公司的销量大大增加。

托利的老板知道这件事后，对公司的员工们说："一个认真负责的人，发现并圆满承担了属于自己的责任，这并不是一件难事，但是并不是人人都能做到的。现在托利做到了，所以他为公司带来了很好的收益。我希望大家都向托利学习，不仅为了你的事业的成功，更为了你的人生的成功。"

我的成长启示

任何一个问题的提出，都不是无缘无故的。所以，无论我们所面对的问题难度有多大，我们应该做的，首先是坦然地接受问题，其次是对这个问题作出冷静、清晰的分析，并施以积极行动，让隐藏在问题背后的机会浮出水面。这才是对工作、对人生负责的态度。

敢于担当的摩根先生

【阅读导航】

责任感与机遇成正比。

——威尔逊

1835年，摩根先生听一位朋友讲，一家名叫伊特纳的火灾保险公司为了扩大自己的实力，宣布凡是加入公司的新股东，不需马上注入资金，只要在股东名册上签下自己的名字，就可以成为该公司的股东，而且很快就会有良好的收益。摩根先生毫不犹豫地就在那本股东名册上签下了他的名字，成为伊特纳火灾保险公司的一名股东。

天有不测风云。也就在那一年的冬天，纽约突发了一场特大火灾。伊特纳火灾保险公司的股东们一个个傻了眼，纷纷退股来挽回自己的损失。摩根先生再三斟酌，决定做一个有担当的人，舍财保信誉。他卖掉了自己苦心经营多年的旅馆和酒店，低价收购了大家的股份。他又通过其他融资渠道，以最快的速度将15万美元的保险赔偿返还给了投保人。一时间伊特纳火灾保险公司的声誉传遍了整个纽约城。

为了偿还赔偿金，摩根先生已经濒临破产，只剩下一个空壳般的保险公司，当然，摩根先生也成为了这家公司最大的股东。他从朋友那里借钱，然后刊登广告：本公司为偿还保险金已经竭尽所能，从现在开始，再入本公司的投保人，保险金一律增加一倍。

第二天早晨，身上只有5美元的摩根先生拎着公文包去上班。当他走到公司所在的那条大街时，看见那条大街被挤得水泄不通，许多前来投保的人挤在伊特纳火灾保险公司的大门口。不久，摩根先生就买回了原来的旅馆和酒店，还净赚了30万美元。

　　这位摩根先生就是主宰华尔街帝国的约翰·皮尔庞特·摩根先生的祖父，他是美国摩根家族的创始人。一场突发的火灾曾使摩根先生濒临破产，同样也是这场火灾成就了一个家族的事业。摩根先生成功的秘诀就是勇于担当，讲诚信，重信誉。

　　当然摩根先生并不是单纯因为那次火灾而成为亿万富翁的，他在日后的商场风云中凡事必然担当的精神，让他积累了富可敌国的财富。

我的成长启示

　　摩根先生曾说："信誉是我一生的恪守，因为它具有无穷的复利效果，可以让你从身无分文的小子变成真正的亿万富翁。"勇于担当、勇于负责，造就了摩根先生的声誉，给他带来了无尽的财富。

敢于承担责任的艾森豪威尔

【阅读导航】

这个社会尊重那些为它尽到责任的人。

——梁启超

敢于承担责任需要无私无畏的勇气。在错综复杂的情况下，当无法预见到事物发展的结果时，为了公共的利益和大家的利益，敢为人先，敢于拍板，敢下决心，敢冒风险，敢立军令状，一旦出现问题和事故时，敢于挺身而出，敢于承担责任，拥有这种舍我其谁、勇于担当的心态的人不仅让人尊敬，更让人敬仰。

"二战"时，艾森豪威尔将军指挥美英联军横渡英吉利海峡，计划在法国诺曼底登陆。这次登陆事关重大，然而就在万事俱备之际，英吉利海峡却风云突变，一阵狂风暴雨。数千艘战艇停泊在海湾，数十万军人被困，进退两难。

终于，气象学家送来了好消息，天气将在3小时后变得晴朗。艾森豪威尔明白这是个能够对敌人攻其不备的绝佳时机，但是其中仍然暗藏危机，假如气候情况不如预期，那么军队就可能遭受很大的损失。

艾森豪威尔慎重考虑后，决定

发起总攻。之后的结果想必大家都知道，这一场战役就是历史上著名的扭转"二战"局势的"诺曼底登陆"。

发起总攻之前，艾森豪威尔在日记中记录下来了这一刻的决定并承诺了责任的归属，他写道："我决定此时此刻发起总攻，是基于当时情况下所能得到的情报和现实状况所作出的最佳决定，但如果事后有任何不尽如人意之处需要有人承担责任，那么就由我来一力承担。"

可见，一旦登陆失败，艾森豪威尔就要一个人把全部责任扛起来。

为什么"诺曼底登陆"会成功？原因是多方面的，其中很重要的一点，就是作为盟军最高指挥官的艾森豪威尔在这一重大的历史任务面前表现出了彻底的、大无畏的担当精神，极大地激发了各参战部队的战斗意志，使盟军形成了无坚不摧的战斗力。正是这种不逃避责任，不推卸责任的态度，令艾森豪威尔获得了无数人的爱戴和支持，并使他在若干年后被选举为美国总统。

成功不能复制，但是可以借鉴，想要成功的男子汉必须谨记这样一句名言：人生所有的履历都必须排在勇于承担责任的精神之后。

我的成长启示

古人说：大事难事看担当，顺境逆境看襟怀。在非常之时尽非常之责，用超常之功作非凡之为，敢于承担责任的人才能拥有成功的人生。愿意承担责任和义务，是强者的标志。因为只有强者才能够对自己负责，成为人生的主宰。

阿基勃特：每桶4美元

【阅读导航】

责任就是对自己要求去做的事情有一种爱。

——歌德

由洛克菲勒创办的美国标准石油公司曾是世界上最大的石油生产、经销商，那时公司的每桶石油的售价是4美元，公司的宣传口号就是：每桶4美元的标准石油。

阿基勃特曾是美国标准石油公司的一个小职员，他为人诚恳，工作努力，但给人印象最深的还是他那个奇怪的举动。

当时，阿基勃特是一个基层推销员，无论购物、吃饭、付账，甚至给朋友写信，只要有签名的机会，他都不忘写上"每桶4美元的标准石油"。有时，阿基勃特甚至不写自己的名字，而只写这句话代替自己的签名。时间久了，同事们都开玩笑地称他为"每桶4美元"，而他的真名倒没有人叫了。

几年后的一天，洛克菲勒无意中听说了此事，非常感动，说："竟有员工如此努力宣扬公司的声誉，我要见见他。"

于是洛克菲勒邀请阿基勃特共进

晚餐，并问他为什么要这么做。阿基勃特说："这不是公司的宣传口号吗？"洛克菲勒说："你觉得在工作之外的时间里，还有义务为公司宣传吗？"阿基勃特反问道："为什么不呢？难道在工作之外的时间里，我就不是这个公司的一员吗？我多写一次不就多一个人知道吗？这是我作为公司员工的责任。"

洛克菲勒对阿基勃特的举动大为赞赏，开始着意培养他。又过了几年，洛克菲勒卸职，他没有将第二任董事长的职位交给自己的儿子，而是交给了阿基勃特。这一任命，出乎所有人的意料，包括阿基勃特自己。其实，人们不应该感到意外：一个对工作高度负责的人，自然会引起老板的注意；一个把公司的命运时刻放在自己心里的人，自然会受到老板的信赖；一个有一分热便发一分光的人，老板自然愿把公司要务托付给他。后来的结果证明，洛克菲勒的任命是一个英明的决定，在阿基勃特的领导下，美国标准石油公司更加兴旺繁荣了。

签名的时候写上"每桶4美元的标准石油"，这是一件谁都可以做到的事情，但只有阿基勃特做了。在他看来，做一切对公司有利的事情，是一个员工义不容辞的责任。他主动担负起这项责任，并且乐此不疲地坚持着。他的这种负责任的态度，为他走向成功打下了良好的基础。

我的成长启示

　　作为一个普通员工，阿基勃特主动担负起宣传公司的责任，他也由此受到老板的重视，最终成就了一番事业。他的成功看似偶然，实则蕴藏着必然的因素。显然，责任感成就能力，成就人生。

最high的运动

跳台滑雪

　　跳台滑雪是滑雪运动项目之一，简称"跳雪"。运动员足蹬滑雪板，手持雪杖，滑过覆雪的跳台后跃起，飞腾而下。跳台利用自然山势建造，滑雪者通过一段助滑区从台端引跳，以飞行距离和动作完美情况计分。跳台滑雪起源于挪威。1879年在挪威的奥斯陆举行了第一次正式跳台滑雪比赛。跳台滑雪1924年被列为首届冬奥会比赛项目。跳台滑雪的飞行距离，随着运动技术及跳台性能的逐渐提高而增大。

空中滑板

　　空中滑板是一种令人热血沸腾、心跳加剧的极限运动，它由滑板运动和跳伞运动组合而成。从事这项运动的人士通常被称为Sky Surfers。他们的脚上穿着滑板，从飞机上一跃而下，在自由落体期间利用滑板来表演各种特技，有如冲浪一般，只不过这是在空中冲浪，而不是在水上冲浪，所以也有人将这项运动叫作"空中冲浪"。

滑翔伞

　　滑翔伞起源于欧洲。当时，一些登山者从山上乘降落伞滑翔而下，体验到了一种美好的感觉和乐趣，从而创立了一个新的体育项目。最初的滑翔伞借鉴了飞机跳伞使用的翼型方伞，主要以下降为主，下降速度快，安全性能好。滑翔伞体现了一种人与自然的交流，备受冒险者的喜爱。

第 8 章

有信念，
梦想就会实现

　　信念是毅力的助力器，是走向成功的垫脚石。最坚强的意志，产生于最坚定的信念和对新生活的向往。梦想不是随随便便就能实现的，它需要我们持之以恒，勤奋努力，更需要我们拥有信念。在圆梦的路上难免会遇到困难和挫折，我们要相信自己一定能行。跌倒了要勇敢站起来，大步向前，因为梦想就在前方。

永不服输的周杰伦

【阅读导航】

只要有厄运打不垮的信念，希望之光就会驱散绝望之云。

——蒋光宇

1996年6月，高中毕业后的周杰伦一时找不到工作，只好应聘到一家餐馆当了服务生。尽管工作上的烦心事不少，但周杰伦对音乐的喜爱却有增无减。每次发了工资，他就往音乐超市里跑，几乎把所有的钱都花在了买磁带上。平时他喜欢把单放机带在身边，没事就听音乐。

1997年9月，周杰伦偶然参加了《超级新人王》，在节目现场结识了节目主持人吴宗宪。节目做完后，吴宗宪便邀请周杰伦到他的音乐公司写歌。由于周杰伦从小就打下了扎实的音乐功底，所以他很快就创作出了大量的歌曲。但让吴宗宪感到不可理解的是，他创作的歌词总是怪怪的，音乐圈内几乎没有人喜欢，因此，每次收到周杰伦的歌，吴宗宪总是失望地将他的手稿放到一边。有时拿到手稿后，吴宗宪连看都不看，便将手稿揉成一团，随后丢进身边的垃圾桶里。但这位不服输的年轻人知道，放弃就意味着自己炒了自己的"鱿鱼"。于是，他继续创作，以每天一首歌的速度进行着创作。吴宗宪每天早上8点钟上班时，总能准时见到周杰伦的作品。终于，他被这位小伙子的天赋和勤奋深深地感动了，答应找歌手演唱他创作的歌曲。

1998年2月，周杰伦又创作了一首名为《眼泪知道》的歌曲。吴宗宪决定将这首歌推荐给著名歌星刘德华演唱。不承想，当歌词转到刘德华的手上时，他只轻轻瞟了一眼，便拒绝演唱这首歌曲。之后，周杰伦又为张惠妹写了一首歌——《双截棍》。他想，张惠妹比较前卫，应该比较容易接受他创作的歌曲。然而，没料想，他精心创作的《双截棍》竟也被张惠妹毫不犹豫地拒绝了。

一次次失败后，一直渴望在歌曲创作方面有所成就的周杰伦迷茫了，他甚至怀疑自己的音乐之路到底还能走多远……吴宗宪看出了周杰伦对音乐独特的理解力，于是，他决定给这个才华横溢的小伙子另一次机会——让他自己走上舞台，演唱自己创作的歌曲。吴宗宪将周杰伦叫到办公室，十分郑重地说："给你10天的时间，如果你能写出50首歌，而我可以从中挑出10首，那么我就帮你出唱片。"之后周杰伦就待在音乐室里开始创作起来。那些天，他几乎是一首接一首地创作，每写完一首，都高兴得不得了。而每当他疲惫的时候，他就在房间的某个角落里打个盹儿，醒来之后继续下一首歌曲的创作。就这样，仅仅10天时间，周杰伦真的拿出了50首歌曲，而且每一首都写得漂漂亮亮，谱得工工整整。吴宗宪从周杰伦创作的歌曲中挑选出了10首，准备制成唱片发行。

不久，周杰伦第一张专辑《杰伦》上市，很快，就被歌迷抢购一空。在当年的流行音乐评选中，《杰伦》屡创佳绩。

周杰伦在接受《时代》杂志专访时说："明星梦并不是遥不可及的，其实，任何人都可以做，只要你肯努力。我能有今天，就是我不服输的结果。"

我的成长启示

辛苦的餐馆工作、所写的歌被一次次拒绝……这所有的一切，都没能阻挡周杰伦对音乐的热爱。他凭借不认输的劲头，唱出了属于自己的歌。其实，任何一个人都可以成功，只要你明确自己的目标，并坚持不懈地为之努力。

创造"不可能"的博格斯

【阅读导航】

信念只有在积极的行动之中才能够生存，才能够得到加强和磨炼。

——苏霍姆林斯基

有一个孩子从小就热爱篮球运动，并且和所有热爱篮球运动的美国孩子一样，希望自己有朝一日能够参加NBA的比赛。孩子拥有这样的梦想本来是一件值得欣慰的好事，可是孩子的父母却从一开始就劝告他要打消这个念头。周围的邻居们听到孩子的这个愿望也都付之一笑。他们难道是存心要摧毁一个年幼孩子的梦想吗？

他们并不是故意要打击这个孩子。在他们看来，自己的劝告纯粹是善意的，因为这个孩子的梦想是永远都不可能实现的。为什么大家都这样看待这个孩子的梦想，甚至连平时最疼爱孩子的父母也这样想呢？原来这个孩子一直以来都比同龄人矮小得多，以他的身体条件，他也许可以把打篮球当成一种兴趣，但要想成为NBA比赛的篮球巨星无疑是白日做梦。

但是这个孩子不肯接受人们的建议，放弃篮球梦想，即使是白日梦他也要奋力一搏。这个孩子渐渐长大成人了，他的梦想依然没有改变。为了实现这个梦想，他一直都在坚持不懈地练习投篮、运球、传球等技巧，同时也加紧对体能的锻炼。几乎每天人们都能看到他在球场上与不同的人进行篮球比赛。因为长期的锻炼，他的篮球技能也为他赢得了很多荣誉。尽管如此，人们还是对他要参加NBA比赛的梦想嗤之以鼻，这是因为已经长大成人的他，个子也不过一米六。一米六高的个子想去参加NBA比赛，这在所有人眼中都是一个笑话，但是他本人认定了自己的理想，并且一步一步地向着这个理想迈进。

　　他用比一般人多出几倍的时间来练习篮球技巧，而且每一次练习都投入了百分之百的精力。功夫不负有心人，他终于成为镇上有名的篮球运动员，代表全镇参加了无数次比赛；后来他又成为全州最出色的全能篮球运动员之一，而且还是最佳控球后卫；再后来，他成了NBA夏洛特黄蜂队的一名球员。虽然他的个子创造了有史以来NBA球员身高最矮的纪录，但是他却成为NBA表现杰出、失误少的后卫之一。他不仅控球技术一流、远投神准，甚至还可以凭借不可思议的跳跃能力拦截两米多高的球员的传球。他在球场上最引人注目的是他的行动速度，有一位篮球评论员称他"就像一颗旋转中的子弹一样"。

　　说到这里，也许一些熟悉NBA比赛的人已经知道他的名字了，他就是博格斯——NBA历史上个子最矮的篮球运动员。

我的成长启示

　　人们总是喜欢说"不可能"，其实"不可能"只是懒惰者和懦弱者的借口，是对希望和自身潜力的限制。只要抛开这些限制，我们就可以挖掘出更多的潜能，让"不可能"发生的事发生，创造奇迹。

"老鼠"也可以成为主角

【阅读导航】

在荆棘道路上，唯有信念和忍耐能开辟出康庄大道。

——松下幸之助

正是隆冬时节，伦敦街头的一角，一个男孩子在寒风中等待着机遇的降临。他从小酷爱表演，梦想有一天能够饰演主角。为此，他不停地观看着露天播放的电影，模仿演员们的一举一动，甚至熟记几部经典影片的关键对白。但苍天弄人，他从小家境贫寒，年少时父母离异，母亲早早地与世长辞，这一切看似阻止了他梦想的实现，但他的梦想始终未曾破灭。

他曾经长时间徘徊在伦敦大剧院的街道前，他曾经见过一个大导演，并毛遂自荐，但人家不予理睬。那天傍晚时分，恰巧有个送盒饭的人，想将一大堆的盒饭送到剧院里面，小男孩见状急忙上前帮忙。他尾随着送饭的人，拐弯抹角地进了舞台后面。这时，碰巧有个配音演员嗓子出了问题，导演急需找一位能为老鼠配音的演员来救场，他们打电话到邻近的剧院借人，但结果都让人失望。

小男孩突然计上心头，他当着导演的面学了声老鼠的叫唤，声音惟妙惟肖，导演的眼睛猛地一亮，拿出了剧本给他看。剧本要求模仿老鼠不同的声音，小男孩试着学了，效果非常好。凭着以前的揣摩和良好的功底，他很快就征服了导演和主角的心，他们很快达成一致，由他参加当晚的演出。

其实，他的角色是最不起眼的一个，他只需要穿上老鼠模样的服装，装模作样地卧在旁边，配合主角的表演。但毕竟这是平生的第一场演出，他认真得不得了，其他演员都在休息，他却找个没人的角落不停地研究着。

表演开始了，"父亲"在院子里给孩子们讲故事。老鼠叫声响起来了，显然是一只老鼠在悄悄叙述着一个不为人知的故事。"父亲"继续他的讲述……这时，又一只老鼠的叫声传来，和原来的那只有着很大的区别，没有一丝一毫的相似，导演简直不相信这两个声音出自同一人之口。小男孩趴在地上，嘴里不停地学着各种各样的鼠叫。渐渐地，他的声音征服了在场的所有人，几乎所有的目光都转移到了他的身上。等到最后，他同时模仿两只老鼠打架的声音，那简直就像是真的，舞台下掌声雷动，人们纷纷将鲜花抛给这只可爱的"小老鼠"。

表演结束时，照例，所有的演员都要到舞台上谢幕。一群天真可爱的小孩子包围了他，嚷着要他签名。这个名不见经传的小男孩的故事很快传遍了千家万户，他的事迹也登上了第二天报纸的头版。

那晚，虽然他没有一句台词，但他用另外一种方式征服了在场的所有人。他抢了整场戏的风头，简直成了整出戏的主角和最大的亮点。后来，他说的一句话让所有人难忘：如果你用演主角的态度去演一只老鼠，老鼠也会成为主角。

这个年轻人，就是英国当红明星奥兰多·布鲁姆。他因在《魔戒》中的出色表现而一举成名。许多时候，命运赐予我们的只是一个小小的角色，我们与其怨天尤人，倒不如全力以赴。再小的角色也可以成为主角，哪怕你一句台词也没有。

（作者：古保祥）

我的成长启示

　　家境贫寒的奥兰多·布鲁姆从小酷爱表演，梦想成为一位主角。为了这个梦想，他认真地对待一个"老鼠"的角色。虽然角色渺小，但他用自己的方式征服了观众，成为一名"主角"。在实现梦想的过程中，我们要抓住每一次机遇，哪怕它极其渺小。

信念能创造奇迹

【阅读导航】

　　我坚守自己的信念，沉默而顽强地走自己认为应该走的路。假如我的信念随着我的心脏的跳动而动摇，那是可悲的。

——席勒

　　美国纽约州前州长罗杰·罗尔斯小时候生活在大沙头，那里是美国声名狼藉的贫民窟。在那里出生的孩子，很多从小就学会了打架、偷东西、吸毒，长大后潦倒失败，很少有人从事体面的工作。然而，罗杰·罗尔斯是个例外，他不仅考上了大学，而且成了美国纽约州历史上第一位黑人州长。

　　在罗尔斯的就职记者招待会上，一位记者问他："在那种环境里，是什么将你推向州长的宝座？"面对近四百名记者和他的众多支持者，罗尔斯深情地谈到了他上小学时的校长——皮尔·保罗先生。

　　1961年，皮尔·保罗先生被聘为大沙头诺必塔小学的董事兼校长。他走进大沙头诺必塔小学的时候，发现这里的孩子上学时旷课、斗殴，甚至砸烂教室黑板的事层出不穷。皮尔·保罗想了很多办法来引导这些孩子，可是没有一个奏效的。后来，他发现这些孩子都很迷信，于是他便找到了引导这些孩子的突破口。他在上课的时候多了一项内容——给学生看手相，他用这个办法来鼓励学生。

当罗杰·罗尔斯从坐着的窗台上跳下，伸着小手走向讲台时，皮尔·保罗郑重其事地告诉他："我一看你修长的小拇指就知道，将来你肯定会是纽约州的州长！"当时，罗尔斯大吃一惊，因为他长这么大，只有他奶奶让他振奋过一次，说他可以成为几吨重的小船的船长。这一次，皮尔·保罗先生说他可以成为纽约州的州长，这实在是出乎他的意料。从那天起，"纽约州州长"就像一面旗帜一样引导着罗尔斯，他开始挺直腰板走路，并成了班干部。在以后的40多年里，他没有一天不按州长的身份要求自己。最终，他真的成了纽约州的州长。

在罗杰·罗尔斯的就职演说中，有这么一段话："信念这种东西任何人都可以免费获得。'信念'，这是两个看似简单的字，却蕴含着深刻的道理，它可以产生一种神奇的力量。"

我的成长启示

　　信念能产生奇迹。如果你拥有信念，并保持坚强乐观的心态，就能创造出奇迹。

在音乐厅里拉琴

【阅读导航】

没有理想，即没有某种美好的愿望，也就永远不会有美好的现实。

——陀思妥耶夫斯基

有一个年轻人，非常热爱音乐，经常如痴如醉地沉醉在音乐中。他钢琴、笛子样样行，小提琴拉得尤其好。他刚移民到英国时，身无分文，为了解决生存问题，他与一位黑人琴手结伴在一家商业银行门口卖艺赚钱。由于那家银行每天进进出出的人很多，他们的琴又拉得好，所以，生意还不错。

过了一段时间，他赚到了不少钱。一天，他对那位黑人琴手说："老兄，我要走了，因为我一直梦想进入大学进修，我想成为首席小提琴手，那是我妈妈对我的期望。"此后，他将全部的精力都投入到提高音乐素养和琴艺上，从不退缩，从不放弃，即使在最艰苦的日子里，他也没有后悔自己的选择，而是咬牙挺了过去。

10年后，他偶然路过那家银行，发现黑人琴手仍在那个最赚钱的地盘上拉琴。黑人琴手还是10年前的模样，一把琴、一个琴盒摆在眼前，在路边拉着平凡的曲子给过路的人听。那些人听得高兴了，便会扔下点儿钱作为给他的奖励。黑人琴手再次见到他，显得非常高兴，问："老兄啊，你现在在哪里拉琴啊？"

他回答了一个著名的音乐厅的名字，黑人琴手点点头，说："不错，那家音乐厅的门前也是个赚钱的好地盘。"

黑人琴手哪里知道，他曾经的伙伴并不是一个甘于沉寂的人，他喜欢音乐，喜欢小提琴，他梦想有一天可以站在音乐厅为所有的人演奏。在这个梦想的指引之下，他一直都在努力，虽然在路边做一个琴手可以让他暂时养活自己，但是他又怎么会满足于此呢？

在经过了长久的努力之后，他一边拉琴谋生，一边学习，努力提高自己，终于成为剑桥大学音乐系的一名学生，在一位具有很高声誉的音乐家门下勤学苦练，并深得那位音乐家的欣赏。在大学中，虽然他的生活很清苦，但他还是坚持下来了，因为那个站在音乐厅演奏的梦想让他无法停下自己的脚步。

而如今，他已经是一位国际知名的音乐家了，他是被那家著名的音乐厅邀请来演奏的。

这就是梦想的力量，一个为了梦想而不断前进的人，他的终点必然是他的那个梦想。因为这个梦想的召唤，他不会在路上停留，他的眼里只有前方那个值得他为之付出的舞台。

我的成长启示

你今天的生活就是你昨天的梦想。也可以说，有什么样的远大梦想，才会有什么样的生活。但是，实现每一个梦想都是需要付出努力的，你要用热情铸就梦想的翅膀，用汗水跨越与梦想的距离。

梦想是一件粗布衣

【阅读导航】

理想是事业之母。

——叶圣陶

美国少年斯克劳斯受母亲的影响，从小就喜欢时装，他的母亲是个小裁缝。尽管家境贫寒，但这阻止不了斯克劳斯想要做一名出色的时装设计师。斯克劳斯常常将母亲裁剪后的布角偷来，东拼西凑地做成各种各样的小人衣服。由于母亲的布角有限，并且那些布角都是要用来做鞋垫的，斯克劳斯总是遭到父亲的责备。斯克劳斯感到自己的创作欲望得不到满足。有一天，斯克劳斯将父亲从自家凉棚上拆下来的废棚布捡来制成了一件衣服，这种粗布在当时是专门用于盖棚的。斯克劳斯穿着自己做的衣服走在大街上，很多人都说他是疯子，甚至连母亲都觉得斯克劳斯太过分了。

斯克劳斯的母亲见儿子沉迷于服装设计，便鼓励儿子去向时装大师戴维斯请教，她希望自己的儿子能成为像戴维斯一样成功的时装设计师。那一年斯克劳斯18岁，他带着自己设计的粗布衣来到了戴维斯的时装设计公司。戴维斯的弟子们看到斯克劳斯设计的衣服时，忍不住哄堂大笑，他们从来没有看到过如此粗俗的衣服。可是戴维斯却将斯克劳斯留了下来。

在戴维斯的鼓励与帮助下，斯克劳斯设计出了大量的粗布衣。可是，没有人对斯克劳斯的衣服感兴趣。斯克劳斯设计的衣服大量积压在仓库里。就连戴维斯都对自己收留斯克劳斯的决定产生了怀疑。但斯克劳斯很固执，他坚信自己的衣服会受到人们的欢迎，于是他试着将那些粗布衣服运往非洲，销给那里的劳工们。由于那种粗布价格低廉、耐磨，那些粗布衣服居然很受劳工们的欢迎，很快被销售一空。

斯克劳斯又将那些粗布衣服做成适合旅行者穿的款式，因为它的沧桑感和洒脱感，居然又很受旅行爱好者的欢迎。斯克劳斯又设计出了许多种款式，人们惊奇地发现，那种衣服穿在身上不但随意，还有一种很特别的风味，而且不分季节，任何年龄的人都可以穿。一时间，大家都争着穿起了斯克劳斯设计的粗布衣。如今这种衣服已风靡全球，那就是以斯克劳斯与戴维斯为品牌的牛仔衣。

一个人，只要认为自己所做的事是正确的，那就大胆地去做，哪怕你的梦想只是一件粗布衣，只要坚持下去，粗布衣也可以成为漂亮的时装。

（作者：沈岳明）

我的成长启示

不管遇到多少挫折，不管别人如何嘲笑，斯克劳斯都一直牢记自己的梦想。虽然只是一件粗布衣，但只要坚持不懈地为之奋斗，它也可以成为漂亮的时装。坚持到底，无论你有什么样的梦想，都可以成为现实。

穷孩子的环球梦

【阅读导航】

没有理想，就达不到目的；没有勇敢，就得不到东西。

——别林斯基

在美国，有一群贫穷的孩子，他们从未离开过自己生活的小镇，可是他们却有着一个梦想——周游世界。他们时常为这个伟大的梦想激动不已。

当然，要完成这样一个壮举，对于这群还要靠救济生活的孩子来说，简直是天方夜谭。但是，他们却没有放弃，他们想出了一个办法，那就是：在报上刊登募捐广告以筹集旅费。然而，高达12000美元的广告费从哪里来？孩子们仍然没有放弃自己的梦想，他们开始寻找所有力所能及的杂活干。有的孩子去给人洗车，有的孩子去街头卖报，有的孩子到处卖花。总之，他们一美分一美分地为实现梦想而挣钱。

这样的生活是艰苦的，但是同样也充满了快乐。每当想到自己在为一个伟大的环球梦想而努力工作时，孩子们的心里就充满了快乐，似乎那个梦想马上就要实现了一样。

当地媒体第一时间报道了这群穷孩子的壮举，他们是那么坚强而快乐，虽然做的工作充满了艰辛，但是人们看到的却都是他们的笑脸。这种精神感动了无数的人，他们为梦想而勇敢前进的力量，也感召着很多人为自己的梦想去付出。

终于，篮球名将迈克尔·乔丹得知后，为之深深感动，于是他就以圣诞老人的名义给这群孩子寄来了一张12000美元的支票。

广告终于被刊登出来了，由于这则广告是这群孩子们用心设计的，所以立刻引起了各界人士的反响。大街小巷里，人们都在传阅着这份特别的广告，那是一群孩子为了实现他们的梦想而走出来的脚印，每一个人都被这种坚强感动了。

孩子们收到了来自世界各地的8000多封信，并且每天都有好心的捐款人出现。更让人热血沸腾的是，就连总统都亲自来信慰问孩子们，并邀请他们去白宫做客。于是很快地，孩子们筹够了旅费，他们终于可以实现自己的梦想了。回想当初，他们曾经因为害怕不能实现梦想而不敢去想，可是当他们有了梦想并坚强地向前走去，才知道梦想的实现并不全部都是艰辛，只要你勇敢地迈出第一步，就会发现原来它并不遥远。

我们难以想象，一个心志不高的人，一个没有远大目标的人，一个连一张蓝图都没有的人，能够创造出什么奇迹！也许，在许多年之后，我们当初的梦想最终并没有成为现实，但有一点是毋庸置疑的，那就是你曾经为你的梦想而激动！不要担心你做不到，就怕你想不到，或者根本没想过。

我的成长启示

梦想给人力量，梦想让人变得非凡，梦想也让人勇敢。正是因为有了梦想的力量，穷孩子们才想出了各种各样的办法，他们的勇气在这个过程中得到了展示，他们的智慧也在这个过程中得到了体现。为梦想而努力的人，是最勇敢的人。

为梦想打工

【阅读导航】

人的强烈愿望一旦产生，就很快会转变成信念。

——爱·杨格

齐瓦勃出生在美国乡村，只接受过很短的学校教育。15岁那年，一贫如洗的他就到一个山村做了马夫。然而，雄心勃勃的齐瓦勃无时无刻不在寻找着新的机遇。

三年后，齐瓦勃来到了"钢铁大王"卡内基属下的一个建筑工地打工。一踏进建筑工地，齐瓦勃就下定了决心，要做同事中最优秀的人。当其他工人在抱怨工作辛苦、薪水太低而怠工时，齐瓦勃在默默地积累着工作经验，并自学建筑知识。

一天晚上，同伴们都在闲聊，唯独齐瓦勃躲在角落里看书。恰巧公司经理到工地检查工作，经理看了看齐瓦勃手中的书，又翻了翻他的笔记本，什么也没说就走了。第二天，经理把齐瓦勃叫到办公室，问道："你学那些东西干什么？""我想我们公司并不缺少打工者，缺少的是既有工作经验又有专业知识的技术人员或管理人员，对吗？"齐瓦勃认真地回答。经理点了点头，不由得仔细打量起眼前这个貌不惊人的年轻人。不久，齐瓦勃就升为技师。在打工的同伴中，有人讽刺挖苦齐瓦勃，他回答说："我不光是在为老板打工，更不单纯为了赚钱，我是在为自己的梦想打工，为自己的远大前途打工。我们只能在业绩中提升自己，我要使自己工作所产生的价值，远远超过所得的薪水，我只有这样才能得到重用，才能得到机遇。"抱着这样的信念，齐瓦勃一步步地升到了总工程师的职位上。25岁那年，齐瓦勃又做了这家钢铁公司的总经理，承担起建设公司最大的布拉德钢铁厂的重任。凭着非凡的努力，齐瓦勃于两年后成了这家工厂的厂长，并逐渐成为卡内基钢铁公司的灵魂人物。几年之后，他被卡内基任命为钢铁公司的董事长。

齐瓦勃担任董事长的第七年，当时控制着美国铁路命脉的大财阀摩根，提出与卡内基联合经营钢铁。开始时，卡内基没有理会。于是摩根放出风声，说如果卡内基拒绝，他就与当时居美国钢铁业第二位的贝斯列赫母钢铁公司联合。这下卡内基慌了，他知道贝斯列赫母若与摩根联合，就会对自己的发展构成威胁。一天，卡内基递给齐瓦勃一份清单说："按上面的条件，你去与摩根谈联合的事宜。"齐瓦勃接过来看了看，对摩根和贝斯列赫母公司的情况了如指掌的他微笑着对卡内基说："你有最后的决定权，但我想告诉你，按这些条件去谈，摩根肯定乐于接受，但你将损失一大笔钱。看来你对这件事没有我调查得详细。"经过分析，卡内基承认自己过高地估计了摩根。全权委托齐瓦勃与摩根谈判，取得了对自己有绝对优势的联合条件。摩根感到自己吃了亏，就对齐瓦勃说："既然这样，那就请卡内基明天到我的办公室来签字吧。"

齐瓦勃第二天一早就来到了摩根的办公室，向他转达了卡内基的话："从第51号街到华尔街的距离，与从华尔街到第51号街的距离是一样的。"摩根沉吟了半晌说："那我过去好了！"摩根从未去过别人的办公室，但这次他遇到的是全身心投入的齐瓦勃，所以只好低下自己高傲的头颅。

后来，齐瓦勃终于建立了自己的伯利恒钢铁公司，并创下了非凡业绩，真正完成了他从一个打工者到创业者的飞跃。

（作者：王飚）

我的成长启示

所有人的梦想都是美好的，成功者跟普通人的区别就在于成功者从未放弃过自己的梦想，并为此付出了努力。

别忘了出发时的梦想

【阅读导航】

最可怕的敌人，就是没有坚强的信念。

——罗曼·罗兰

周润发刚踏进演艺圈时，狄龙作为大哥，没少提携这个小弟。两个人都性格豪爽，关系一直不错。

有一段时间，狄龙发现周润发天天忙得手忙脚乱，就问他："最近在忙什么呢？"

周润发不好意思地抓抓头发，憨厚地笑着回答："还不是为了多赚点儿钱，不停地接戏。大哥，讨生活不容易啊！"狄龙笑着拍了拍他的肩膀，没再说什么。

过了一些日子，狄龙感觉周润发简直成了工作机器，一天到晚看不到人影，别人给他打电话他也经常不接。他纳闷儿了：周润发天分非常高，也非常努力，可从他这段时间拍的作品来看，演技怎么没有一点儿进步呢？

一天，狄龙费了好大

的劲找到正在拍戏的周润发。

"大哥，很不好意思，我等一会儿还要去赶另一个剧组，咱们得长话短说了——赚钱不容易呀！"周润发双手合十，弓着腰赔不是。

狄龙好奇地问他，为什么这么长时间演技都没有进步。周润发不好意思地告诉他，自己刚从最底层打拼上来，需要用钱的地方太多，每天都要跑好几个剧组接活。拍完戏后，还得把时间用在社交上，争取更多的表演机会，天天忙得不可开交，琢磨演技的时间也就少了。

狄龙看着周润发，过了半天才突然问："还记得我们刚认识时，你说过你有什么梦想吗？"周润发愣了一下，仔细想了想，猛地一拍额头说："刚见面的时候，我说过想成为明星。"狄龙意味深长地看了他一眼，微笑着拍拍他的肩膀，转身离开了。周润发望着狄龙的背影，默然无语。

不久，周润发兴高采烈地跑来告诉狄龙，他已经推掉了许多对磨炼演技没有帮助的剧本，减少了应酬的次数，有更多精力揣摩演技了。狄龙满意地望着这个小兄弟。

由于把主要精力放在磨炼演技上，再加上过人的天分，周润发的表演很快有了独特的风格。在随后的电影《英雄本色》中，所有人都被那个穿着风衣、一脸微笑、洒脱大气、重感情的小马哥彻底征服了！从此，周润发成了电影界的一代传奇。

（作者：王磊）

我的成长启示

在我们追逐梦想的路上，常常会有一些岔路，让我们偏离原来的方向，忘记了出发时的梦想。这就需要我们有坚定的信念，沿着自己最初的梦想一路追逐下去。

一块有了愿望的石头

【阅读导航】

生活中没有理想的人，是可怜的人。

——屠格涅夫

薛瓦勒是一个乡村的邮差。虽然他的工作很辛苦，工资很少，但是他每天都勤勤恳恳地工作，总是把信件及时送到人们的手中。有一天，他在山路上被一块石头绊倒了，他发现绊倒他的石头形状很特别，于是，他便把那块石头放在了自己的邮包里。

当他把信送到村子里时，人们发现他的邮包里除了信之外，还有一块沉甸甸的石头。大家觉得很奇怪，便问他为什么要带着这么沉的一块石头走。薛瓦勒取出那块石头，向人们炫耀："你们看，这是一块多么美丽的石头啊！它的形状这么特别，你们以前一定没有见过这样的石头。"

人们听到他这么说，便开始笑他："这样的石头山上到处都是，你带着这么沉的石头到处走，负担多重啊，不如把它扔了吧。如果你想要捡这样的石头，山上的足够你捡一辈子了。"

薛瓦勒不理会人们的取笑，不肯扔掉那块美丽的石头。他晚上回到家，躺在床上，脑海里忽然冒出这样一个念头：要是我能够用这样美丽的石头建造一个城堡，那该有多美啊！

从那以后，薛瓦勒每天除了送信之外，都会带回一块石头。过了不久，他收集了一大堆千姿百态的石头。可要建造一座城堡，这些石头还远远不够。

薛瓦勒意识到，每天收集一块石头的速度太慢了。于是，他开始用独轮车送信，这样每天送信的同时，他可以推回一车子石头。

薛瓦勒做出这样的的行为在人们看来简直是疯了。无论是他的石头还是他的城堡，都受到了人们的嘲笑。可他丝毫没有理会人们诧异的目光。

在二十多年的时间里，薛瓦勒每一天都在找石头、运石头和搭建城堡，在他的住处周围，渐渐出现了一座又一座城堡，错落有致，风格各异，有清真寺式的，有印度神庙式的，有基督教堂式的……

1905年，薛瓦勒的城堡被法国一家报社的记者发现并撰写了一篇介绍文章。一时间，薛瓦勒成为新闻人物。许多人都慕名前来观赏薛瓦勒的城堡，甚至连当时最有声

望的绘画大师毕加索都专程赶来参观。如今，薛瓦勒的城堡已经成为法国最著名的风景旅游点之一，被命名为"邮差薛瓦勒之理想宫"。据说，城堡入口处的石头就是当年绊倒薛瓦勒的那块石头，石头上还刻着一句话：我想知道一块有了愿望的石头能够走多远。

你的心能够走多远，你的脚就能够走多远。如果你把自己的心灵禁锢起来，那你的脚步就会停滞不前。很多时候，别人的看法并不重要，重要的是你的选择。世上没有做不到的事，只有因不敢去设想而不能实现的愿望。

我的成长启示

一块小小的石头，因为有了梦想，便变得与众不同。如果没有执着于自己的梦想，就不会轻易获得成功。有梦想，再加上执着地付出，必将获得一个美好的结果。

我想赢，结果我赢了

【阅读导航】

如果一个人有足够的信念，他就能创造奇迹。

——温塞特

阿赛姆的同事中有一位青年销售员，他在工作时常常用卡耐基的自我激励警句调整自己的心态。他是一个18岁的大学生，利用暑假时间到保险公司去做出售保险单的销售员。在两周的理论训练期间，他学到了不少东西，他在有了一些销售经验之后，就定了一个特殊的目标——获奖。要想做到这一点，他至少要在一周内销售100份保险单。

到那一周星期五的晚上，他已经成功地销售了80份保险单，离目标还差20份。这位年轻人下定决心：什么也不能阻止我达到目标。他相信人们心里只要设想了某些东西，人们就能用积极的心态去获得它。虽然他那一组的另一位销售员在星期五就结束了一周的工作，他却在星期六的早晨又回到了工作岗位上。

到了下午3点钟，他还没有销售出

一份保险单，但他想原因可能在自己的态度上。

这时，他记起了卡耐基的自励警句，满怀信心地把它重复了5次："我觉得健康，我觉得愉快，我觉得大有作为！"

截至那天下午5点钟，他推销出了3份保险单，距离他的目标只差17份了。他又热情地再重复了几次："我觉得健康，我觉得愉快，我觉得大有作为！"截至那天夜里11点钟，他推销出了20份保险单。他达到了他的目标，获得了奖励，并学到了一个道理：不断地努力就能把失败转变为成功。

积极向上的心态实际上是一种不可抵挡的力量。"我想赢，我一定要赢，结果我赢了。"一个人可以用这种心态去达到任何想达到的目标。

我的成长启示

　　成功需要明确的目标，需要周密的计划，更需要坚持不懈的精神，放弃只会让自己倒在黎明前的黑暗里。

从贫民窟"小蛮子"到大记者

【阅读导航】

伟大的作品不只是靠力量完成，更是靠坚定不移的信念。

——塞缪尔·约翰逊

2006年11月9日，美国著名的黑人记者埃德·布莱德利永远闭上了他那双深邃的眼睛，终年65岁。从此以后，美国哥伦比亚广播公司（CBS）著名新闻节目《60分钟》中，人们再也看不到那位戴着耳环、一脸花白络腮胡子的黑人大叔的身影了。

布莱德利臻于完美的采访技巧，使他在其职业生涯中获得过19次艾美奖。

然而，谁又能想到，这位大记者却出生于费城西部的一个贫民窟里。幼年时，父母离异，布莱德利由母亲一人抚养长大。因为常常在街头打架，人们都叫他"小蛮子布莱德利"。尽管家境贫寒，布莱德利的母亲却是个志气很高的女人。因为担心儿子继续发展下去变成街头小混混，于是她费尽心思为布莱德利寻找离开贫民窟的机会。在布莱德利9岁的时候，母亲把他送到一家天主教寄宿学校。

一天，学校里的一位修女对小布莱德利说的一句话，彻底改变了布莱德利。"你能成为任何你想成为的人。"就是这句话，让"小蛮子"一下子找到了自己人生的目标。

后来，经过努力，布莱德利在CBS驻巴黎办事处找了一份工作。随后，布莱德利主动要求去越南西贡做战地记者。在越南，从火灾到西贡陷落，从战士吸毒问题到难民潮，布莱德利什么都报道。在搭档眼里，布莱德利从未在战火中流露出一丝恐惧。然而，表面上没有流露出恐惧，并不意味着布莱德利心中真的没有恐惧。"在战场上，你眼睁睁地看到，周围的人在你身边一个个死去，一个个负伤。一天，当我在稻田里穿行时，忽然遭遇一群越南士兵。他们就从我身边穿过，说着话，竟然没有看到我。我吓呆了，我不停地告诉自己说：我还没成为我想成为的人，我必须要坚强地活下去。"

西贡陷落时，布莱德利是最后一批离开的美国人。作为奖励，CBS高层把一个非常风光的工作交给了布莱德利——负责报道1976年的美国大选。当白宫记者一向被认为是这一行最光鲜的工作，之前这项工作由清一色的白人担任，布莱德利是第一个黑人白宫电视新闻记者。

布莱德利主持《60分钟》后，他敢于提出各种尖锐的问题，作过许多令人难忘的采访。2003年是布莱德利记者生涯中最辉煌的一年，他一举夺得3座艾美奖杯，同时

还获得了全美黑人记者协会颁发的终身成就奖。

当布莱德利回到当年居住过的费城贫民窟时，他几乎不能相信自己的人生境遇已经有了如此大的改变。"在我办公室里挂着一张照片，我常常站在那里想：你会相信吗？一个来自贫民窟的'小蛮子'，他现在站在了亚历山大大帝曾经站过的地方，欣赏同样的风景。他终于成为了他想要成为的人，这一切真神奇啊！"

有人曾问布莱德利的上司霍华德·斯特瑞爵士："布莱德利究竟有何过人之处？"斯特瑞对此评价道："布莱德利对报道投入了感情，同时还不丧失客观立场。他是个真正感情丰富的记者，有同情和关心他人的能力，特别是对那些处于弱势的人。"

"聪明、平稳、酷"是美国公众对布莱德利的评价，连前总统布什都称赞他是"这个时代美国最有成就的记者之一"。

我的成长启示

我们不能选择过去，但却可以规划未来。将来成为一个什么样的人，完全取决于现在的所作所为。

再晚的开始也不晚

【阅读导航】

世界上最快乐的事，莫过于为理想而奋斗。

——苏格拉底

不同的人，人生的事业开始得有早有晚。开始得早，青少年时代就起步，早早地事业有成，这固然可喜；但是，在中老年时才起步，也同样珍贵。

学习语言，在37岁的年龄可能是比较晚了，尤其是异邦人士学习艰涩的古汉语。但是，英国科学家李约瑟却证明这并不算晚。李约瑟是英国皇家学会会员，在生物化学领域有重要成就。在他37岁那年，3个中国研究生跟他学习生物化学时告诉他，中国古代有巨大的科学成就，舍此则一切科学史都将是不完整的。李约瑟沉思良久，开始了人生新的长征。学写汉字，学说汉语，一字一字地啃古汉语。终于，他成为了一个中国通。他54岁那年，出版了《中国科学技术史》第一卷；

1994年6月8日，他当选为首批中国科学院外籍院士。是年，联合国教科文组织授予其"爱因斯坦奖"。如果没有37岁的那个不早的开始，他就不可能在这个领域独领风骚。

李约瑟于1989年与在共同研究中国科技史时结下深厚情谊的鲁桂珍在教堂里结婚。他说："两个八十开外的老人站在一起，或许看上去有点儿滑稽。但是我的座右铭是'就是迟了，也比不做强'。"

身患绝症，来日无多，似乎一切都已经晚了。愿意延续生命、与疾病抗争，已经是比较积极的心态了。但是，日本哲学家中江兆民一生中最重要的事业却是在得悉身患癌症之后开始的。1901年，医生发现他患了喉头癌，说他最多只能再活一年半。时间不多了，他没有时间担忧，他开始动笔写一生中最重要的著作《一年有半》，完成后又紧接着写另一部著作《续一年有半》。这两部著作也是日本明治维新年代最有影响的著作之一。书成之日，他长吁了一口气，对朋友们说："一年半，诸君说是短促，余则曰极为悠长。若须说短，十年亦短，五十年亦短，百年亦短。"如果没有一年半前的勇敢的开始，就不会有这种光辉的结束。

（作者：朱长超）

我的成长启示

人生好比一次旅行，从哪里出发并不重要，关键看你走向哪里。从现在开始努力学习，永远为时不晚。

成名在101岁

【阅读导航】

人生的价值，并不是用时间，而是用深度去衡量的。

——列夫·托尔斯泰

我第一次看到哈里·莱伯曼先生的画时，真没想到这出自一位百岁老人之手。于是，我决定去拜访他。

他住在长岛，那里的天气又闷又热，就连平常用来乘凉的树荫下也达到了40℃的高温。来到他的住处，我还以为这位老画家会坐在舒适的空调室里等我，出乎我意料的是，他正在树荫下专心致志地绘制一幅油画。他告诉我，他和一个日历出版商签订了一项长期合同，那些画架上的作品就是为此而画的。

老人精神很好，瘦长身材，脸上布满了深深的皱纹，头发、胡须全都白了。一双眼睛闪烁着慈祥的光芒，衣着虽不是很讲究，但很合体。他看上去远不像是一个百岁老人。

莱伯曼是80岁那年，在老人俱乐部里与画画结下缘分的。那一年，老人歇业已有6年了，他平时也没有什么事可做，就经常到城里的俱乐部去下棋，以此来消磨时间。有一天，经常接待他的女办事员告诉他，一直与他下棋的那位棋友因身体不适，今天不能前来作陪了。老人感到很失望，无奈地转身想要回去。这位热情的女办事员叫住他说，楼上是画室，他要是没什么事，可以到画室去转一圈，顺便还可以试着画几下呢。

"您说什么，让我画画？"老人哈哈大笑起来，说，"我这老头子可是从来都没有摸过画笔的，怎么能画画呢！我还是走吧。"说着他就要走。

"那不要紧，试试看嘛！说不定你会喜欢上的，这不是也可以消磨会儿时间吗？"

在女办事员的坚持下，莱伯曼来到了画室。他平生第一次摆弄起画笔和颜料。说来也奇怪，一幅画很快就画了出来，人们惊奇地看着他的画，都说这位老人很像是一个专业的画家，他表现得很有天赋，他自己甚至都着了迷。81岁那年，老人开始去听绘画课，系统地学习绘画知识。

几年之后，一家颇有名望的艺术陈列馆在洛杉矶举办了一次绘画展览，其题为：哈里·莱伯曼101岁画展。这位百岁老人满脸笑容，很精神地站在会展入口处，迎接前来参观的四百多名来宾，其中不乏很有名气的收藏家、评论家和新闻记者。老人的作品中所表现出来的精神内容与创作技巧赢得了许多参观者的好评。

　　老人说道："我不认为我到101岁的年纪就没有再创造生活的机会了，我要向那些到了60、70、80或90岁就认为自己上了年纪的人表明，这还不是生活暮年。不要总是担心自己活不了几年，而要想还能做些什么。真正的生活不是在算自己有限的日子，而是去追求梦想！"

我的成长启示

　　百岁老人大器晚成，就像一株梅花，虽然错过了阳春三月，但只要有梦想，在冰雪中绽放同样精彩。

模拟成功

【阅读导航】

梦想一旦被付诸行动，就会变得神圣。

——阿·安·普罗克特

1984年，三个美国少年被得克萨斯州立大学开除。由于家境贫寒，这三个少年常常被同学们瞧不起，生活在被歧视的阴影里，老师总是说他们成绩不好，于是他们结伴逃课，终于，学校决定将他们开除。

三个被学校开除的少年觉得自己的前途一片黑暗。他们幻想着如果突然拥有一大笔钱，就可以住上漂亮房子，坐上高档轿车，老师和同学们便再也不敢瞧不起他们了。可是，从哪儿弄来这笔钱呢？就在他们胡思乱想之际，迈克尔·戴尔将自己设计的模拟成功的录像从电脑里调出来。三位少年津津有味地看着自己住在一幢漂亮的别墅里，别墅的车库里停放着他们喜爱的克莱斯勒轿车。迈克尔·戴尔问："现在，你们想将自己漂亮的别墅和轿车，安置在什么地方呢？"

凯文·罗斯林抢着说自己要住在佛罗里达，因为他喜欢与富翁们聚会，而那里就住着大量的富翁。鲍勃·伊诺斯说自己想住在拉斯维加斯，因为那里风景秀丽，还有大量的豪华商店，可以让他任意选购。

很快他们便神色黯然了，两人望着迈克尔·戴尔，有点遗憾地说："如果这一切都是真的，那该有多好啊。"迈克尔·戴尔认真地看着两位伙伴说："这美好的一切，我们不是已经看到了吗？现在我们就到喜欢的地方去，比如，佛罗里达或者拉斯维加斯！"

就这样，迈克尔·戴尔和另外两名少年经过一夜的仔细策划，决定第二天一早便去大街上卖报纸。不久，他们用卖报纸赚的1000美元开办了一家小店，那就是后来的戴尔公司。

少年迈克尔·戴尔带着另外两位少年，经过20年的打拼，不但实现了当年的梦想，还将戴尔公司发展成了拥有数百亿美元资产的大公司。

如果你还徘徊在人生的十字路口，不妨也大胆地模拟一次成功的样子，为自己设计一个成功的样板，然后朝着这个目标努力奋斗，总有一天你会成功。

（作者：小丑）

我的成长启示

在失意时展望美好的未来，这是任何人都能做到的事情。但只有付诸行动，才能使想象变成现实。

克尔的坚持

【阅读导航】

无论做什么事情，只要肯努力奋斗，是没有不成功的。

——牛顿

克尔曾经是一家报社的职员。他刚到报社当广告业务员时，对自己很有信心，他向经理提出不要薪水，只按广告费抽取佣金的要求。经理答应了他的请求。

于是，他列出一份名单，准备去拜访一些很特别的客户。公司里的业务员都认为那些客户是不可能与他们合作的。

在去拜访这些客户前，克尔把自己关在屋里，站在镜子前，把名单上的客户念了10遍，然后对自己说："在本月之前，你们将向我购买广告版面。"

他怀着坚定的信心去拜访客户，第一天，他和20个"不可能的"客户中的3个谈成了交易；在第一个星期的另外几天，他又谈成了两笔交易；到第一个月的月底，20个客户只有一个还不买他的广告版面。

在第二个月里，克尔没有去拜访新客户。每天早晨，那拒绝买他广告版面的客户的商店一开门，他就进去请这个商人做广告，而每天早晨，这位商人都回答说："不！"每一次，当这位商人说"不"时，克尔就假装没听到，第二天继续去拜访。到那个月的最后一天，对克尔已经连着说了30天"不"的商人说："你已经浪费了一个月的时间来请求我买你的广告版面，我现在想知道的是，你为何要坚持这样做。"

克尔说："我并没浪费时间，我等于在上学，而你就是我的老师，我一直在训练自己在逆境中坚持的精神。"那位商人点点头，说："我也要向你承认，我也等于在上学，而你就是我的老师。你已经教会了我坚持到底这一课，对我来说，这比金钱更有价值，为了向你表示我的感激，我要买你的一个广告版面，当作我付给你的学费。"

（作者：陈平）

  每个人都会渴望成功，只有懂得坚持的人才能把梦想变成现实。坚持到底未必会成功，但中途放弃注定会失败。

再努力一次

【阅读导航】

信念是鸟，它在黎明仍然黑暗之际，感觉到了光明，唱出了歌。

——泰戈尔

凡尔纳是世界闻名的法国科幻小说作家，但鲜为人知的是，凡尔纳为了发表他的第一部作品，曾经遭受过很大的挫折。

一天上午，凡尔纳刚吃过早饭，突然听到一阵敲门声。凡尔纳打开门，一个邮政工人把一大包邮件递到了他的手里。一看到这样的邮件，凡尔纳心里一阵绞痛，他知道他的稿子还是未被采用。

他拿起手稿向壁炉走去，准备把这些稿子付之一炬。凡尔纳的妻子急忙赶过来，一把抢过手稿，紧紧抱在胸前。妻子满怀关切地安慰丈夫："不要灰心，再试一次吧！也许这次能交上好运呢！"他沉默了好一会儿，最终接受了妻子的劝告，又抱起这一大包手稿邮到出版社去碰运气。

这次希望没有落空。读完手稿后，这家出版社立即决定出版此书，并与凡尔纳签订了20年的出书合同。

　　没有他妻子的劝导，没有他再努力一次的信念，我们也许根本无法读到凡尔纳笔下那些脍炙人口的科幻故事，人类会就此失去这份极其珍贵的精神财富。

我的成长启示

　　凡尔纳的故事告诉我们要想成功有一个万用法则：再努力一次，再勇敢一次，再坚持一次。

把失败写在背面

【阅读导航】

要忠于少年时的梦想。

——席勒

有一个年轻人，从很小的时候起，就有一个梦想，希望自己能够成为一名出色的赛车手。他在军队服役的时候，曾开过卡车，这对他提高驾驶技术有很大的帮助。

退役之后，他选择到一家农场里开车。在工作之余，他一直坚持参加业余赛车队的技能训练。只要有赛车的机会，他都会想尽一切办法参加。因为得不到好的名次，所以他在赛车上的收入几乎为零，这也使得他欠下了一笔数目不小的债务。

那一年，他参加了威斯康星州的赛车比赛。当赛程进行到一半的时候，他的赛车位列第三，他有很大的希望在这次比赛中获得好的名次。突然，他前面的两辆赛车发生了相撞事故。他迅速地转动赛车的方向盘，试图避开它们，但终究因为车速太快而未能成功。结果，他撞到车道旁的隔离墙上，赛车在燃烧中停了下来。当他被救出时，双手已烧伤，鼻子也不见了，体表烧伤面积达40%。经过七个小时的手术，他才从死神的手中挣脱出来。

经历了这次事故，尽管他的命保住了，可他的手萎缩得像鸡爪一样。医生告诉他："以后，你再也不能开车了。"

然而，他并没有因此灰心绝望。为了实现那个久远的梦想，他决心再一次为成功付出代价。他接受了一系列植皮手术。为了恢复手指的灵活性，每天他都不停地练习用手去抓木条，有时疼得浑身大汗淋漓，而他仍然坚持着。在做完最后一次手术之后，他回到了农场开车，并继续练习赛车。

在仅仅九个月之后，他又重返赛场。他首先参加了一场公益性的赛车比赛，可他的车在中途意外地熄了火。不过，在随后的一次全程200英里的汽车比赛中，他取得了第二名的成绩。又过了两个月，仍是在上次发生事故的那个赛场上，他满怀信心地驾车驶入赛道。经过一番激烈的角逐，他最终赢得了250英里赛车的冠军。

他就是美国颇具传奇色彩的伟大赛车手——吉米·哈里波斯。当吉米第一次以冠军的姿态面对热情而疯狂的观众时，他流下了激动的眼泪。一些记者纷纷将他围住，并向他提出一个相同的问题："在那次沉重的打击之后，是什么力量使你重新振作起来的呢？"

此时，吉米手中拿着一张这次比赛的招贴图片，上面是一辆迎着朝阳飞驰的赛车。他没有回答，只是微笑着用黑色的水笔在图片的背后写了一句凝重的话：把失败写在背面，我相信自己一定能成功！

（作者：郭连元）

我的成长启示

　　人生之路充满挫折，然而它并不可怕。直面挫折，不因一时的失败而停止努力，就会获得成功。

趣味科学知识

听音乐还能"看"色"尝"味

对一般人来说，音乐只能带来听觉上的享受。但对一名27岁的瑞士女子而言，音乐不仅能愉悦耳朵，还能让她"看见"各种色彩，"品尝"不同味道。例如，F调的音乐让她"看见"紫色，而C调的音乐对应的是红色。此外，不同的音调还能激发她的味觉。

苏黎世大学的神经心理学家认为，这个案例是一种典型的联觉现象。此现象是因人的多种感官感觉互相联通而产生的，当一种感官受到某种刺激，便可自发地引起一种或多种其他感觉。

为什么瓶子里的水不能一下倒出来

当你把一个细口瓶子里灌满水再把它倒过来时，你会发现瓶子里的水并不能一下子流出来，而是一下一下地向外流。同时，还可以听到"唪唪"的声音。这是为什么呢？

这是因为瓶子里被装满水的同时，空气就被赶跑了。把瓶子倒过来时，瓶子里的水受不到从瓶子上面来的空气压力了，而瓶子口外却有大气压托着。所以水在向外流的时候，又被外部的大气压向瓶子里推挤，这样就产生了"唪唪"的声音。空气只能慢慢钻进瓶子，水也只能慢慢地流出，而不可能一下子痛痛快快地流出来。若想很快地把水倒出来，可以拿住瓶底，沿一定的方向摇晃瓶子，水就流得快了。不信你可以试试看。

第9章

人无信而不立

　　诚信是为人之本，是立业之基，是做人的准则。为人处世，做事立业，最讲一个"诚"字，最重一个"信"字。有人这样总结说，诚信是道路，随着开拓者的脚步延伸；诚信是智慧，随着博学者的求索积累；诚信是成功，随着奋进者的拼搏临近；诚信是财富的种子，只要你诚心种下，就能找到打开金库的钥匙。

朋友的重托

【阅读导航】

走正直诚实的生活道路，必定会有一个问心无愧的归宿。

——高尔基

据说，他是目前韩国最长寿的男人。电视台和报纸的记者都来采访他，希望他能揭开长寿的秘诀。他说："关于我的长寿秘诀，有三点：一是家族中有长寿基因；二是我很喜欢运动；三是知足常乐。"

前不久，一家报社独家刊载了他在抗日战争中经历的一件事。从这件事中，人们终于明白了什么是他长寿的秘诀。

1942年7月，日军统治着朝鲜半岛，他的好朋友被日本人送进了监狱。离开家的前一天夜里，他的朋友偷偷跑来找他，把自己的1000万元交给他保管。他的朋友说："我走了，我的妻子和孩子请你照顾好。这部分钱，没谁知道，我的妻子、孩子都不知道。我的意思你是明白的，怕他们经不起日军的折腾而说出去，那将会连累了你。拜托了！"就在他的朋友被带走的第二天，朋友的妻子和孩子也被带走了。他并不知道他们被关在什么地方。稳妥起见，他以个人的名义，把那笔钱分开存在四家银行里，并把存折秘密地藏了起来。这件事，他没敢告诉妻子，因为他怕走漏了风声。

直至战争结束，他都没有他朋友一家的消息。不过，他依旧没有动用那笔钱。

一天，他在报上看到一篇纪念反法西斯战争胜利50周年的文章，作者那儿写着他朋友的名字。从文章回忆的内容，他断定他的朋友还活在人世。但他们早已失去了联系，他的朋友根本就找不到他了，除非他主动与朋友联系。

他陷入了深深的矛盾之中，是把钱归还朋友还是自己用呢？因为他目前也正处于经济困难的时候。最后，他毅然拨通了报社的电话，找到了朋友的联系方式。

当他的朋友接到电话的时候，感到很震惊，他的朋友不敢相信自己托付过的那个人，还会把钱送回来给自己。因为一直联系不到他，所以朋友想那些钱就当是馈赠给他了吧。但是没想到这些钱还会被送回来，朋友感动得热泪盈眶。

他终于把钱送回去之后，躺在了床上，睡得特别香，因为他的心里没有任何的负担了。做了一夜的好梦之后，他睁开眼，觉得生活很美好。这种好心情一直在他的心里持续着，也让他每天都过得开心快乐，成了最长寿的韩国人。

我的成长启示

　　心灵的宁静才是长寿最不可缺少的因素。在特定情况下，我们做了一些有违良心的事情，自以为神不知鬼不觉，实际上，我们始终逃脱不了自己良心的谴责，内心一辈子都将无法安宁，从而日日生活在痛苦的折磨和煎熬中。只有心灵无私、坦荡，内心才会宁静。

被拆掉两次的亭子

【阅读导航】

　　一丝一毫关乎节操，一件小事、一次不经意的失信，可能会毁了我们一生的名誉。

——林达生

　　墨西哥前总统福克斯以诚实守信的品德而受到国人的尊重。他做人的原则就是两个字：诚实。正是这样的人格品质，使他从一个普通的推销员成为一个国家的总统。

　　一次，福克斯受邀到一所大学演讲，一个学生问他："政坛历来充满欺诈，你在从政的经历中有没有撒过谎？"

　　福克斯说："不，从来没有。"

　　大学生们在下面窃窃私语，有的还轻声笑出来，因为每一个政客都会这样表白。他们总是发誓，说自己从来没有撒过谎。

　　福克斯并不气恼，他对大学生们说："孩子们，在这个社会上，也许我很难证明自己是个诚实的人，但是你们应该相信，这个世界上还有诚实，它永远都在我们的周围。我想讲一个故事，也许你们听过就忘了，但是这个故事对我很有意义。"

　　这个故事是这样的：有一位父亲是个农场主。有一天，他觉得园中的那座亭子已经太破旧了，就准备安排工人们将它拆掉。他的儿子对拆亭子这件事很感兴趣，于是对父亲说："爸爸，我想看看他们怎么拆掉这座亭子，等我从寄宿学校回来再拆，好吗？"

　　父亲答应了。

可是，等孩子走后，工人们很快就把亭子拆掉了。

孩子放假回来后，发现旧亭子已经不见了。他闷闷不乐地对父亲说："爸爸，你对我撒谎了。"

父亲惊异地看着孩子。孩子继续说："你说过的，那座旧亭子要等我回来再拆的。"父亲说："孩子，爸爸错了，我应该兑现自己的承诺。"

这位父亲重新招来工人，让他们按照旧亭子的模样在原来的地方再造一座亭子。亭子造好后，他将孩子叫来，然后对工人们说："现在，请你们把它拆掉。"

福克斯说自己认识这位父亲，他并不富有，但是他在孩子面前实现了自己的承诺。

学生们听后问道："请问这位父亲叫什么名字？我们希望认识他。"福克斯说："他已经过世了，但是他的儿子还活着。"

"那么，他的孩子在哪里？他应该是一位诚实的人。"

福克斯平静地说："他的孩子现在就站在这里，就是我，墨西哥总统福克斯。"

福克斯接着说："我想告诉大家的是，我愿意像我的父亲对我一样对待这个国家，对待这个国家的每一个人。"

台下掌声雷动。

将一座亭子拆两次，绝不仅仅是为了满足一个孩子的愿望，更是为了满足一个成人自我完善的道德要求。在园子里重新拆掉一座亭子，等于在孩子的心里建了一座亭子，这座亭子就是一个信念——对诚信的信念。

我的成长启示

一个人对别人要有诚信，对自己也要有诚信，要做到心口如一。承诺别人的，要守信；承诺自己的，也要守信。真实地面对自己，真实地面对别人，真实地面对社会，不盲从自己内心的欲望，不屈从自己内心的恐惧，不掩饰自己的错误，这是不容易做到的。

信用是人生最重要的财富

【阅读导航】

连上帝也会去帮助诚实而勇敢的人。

——米南德

年轻、财富、学识、友谊，毫无疑问都是人生的资本，但这些都不是人生最重要的。人生最重要的资本，是信用。信用是一种约定，是一种具有约束力的心灵契约。尽管它无体无形，却比任何法律条文更具震撼力和约束力。一个没有信用的人，要想跻身成功者的行列，肯定是不可能的。

那些流芳百世、闻名世界的成功者，都是以自己的信用赢得了他人尊重的人。因为，信用是高尚品格的象征。

公元前4世纪的意大利，有一个名叫皮斯阿司的年轻人触犯了国法，被判绞刑，几天后将在特定的日子中被处死。皮斯阿司是个孝子，在临死之前，他希望能与远在百里之外的母亲见上最后一面，以表达他对母亲的歉意，因为他不能为母亲养老送终了。他的这一要求被告知给了国王。国王被他的孝心所感动，允许他回家，但是他必须为自己找个替身，暂时替他坐牢。这是一个看似简单其实近乎不可能实现的条件。有谁肯冒着被杀的危险替别人坐牢，这岂不是自寻死路！但，茫茫人海，就有人不怕死，而且真的愿意替别人坐牢，他就是皮斯阿司的朋友达蒙。

达蒙住进牢房以后，皮斯阿司回家与母亲诀别。人们都静静地看着事态的发展。日子一天天地过去了，皮斯阿司还没有回来，眼看刑期就快到了。人们一时间议论纷纷，都说达蒙上了皮斯阿司的当。行刑日是个雨天，当达蒙被押赴刑场之时，围观的人都在笑话他的愚蠢，幸灾乐祸的也大有人在。刑车上的达蒙面无惧色，慷慨赴死。

追魂炮被点燃了，绞索也已经挂在达蒙的脖子上。胆小的人都吓得紧闭了双眼，他们在内心深处为达蒙深深地惋惜，并痛恨那个背叛朋友的小人皮斯阿司。但就在这千钧一发之际，在淋漓的风雨中，皮斯阿司飞奔而来，他高喊着："我回来了！我回来了！"

这一幕太感人了，许多人都以为自己是在梦中。这个消息宛如长了翅膀，很快便传到了国王的耳中。国王闻听此言，也以为这是谎言。于是他亲自赶到刑场，要亲眼看一看自己优秀的子民。最终，国王万分喜悦地为皮斯阿司松了绑，并赦免了他的刑罚。

在赦免的现场，国王当众宣布了自己要以信用立国、以信用治天下的政令，并宣布任命皮斯阿司为司法大臣，任命达蒙为礼仪大臣，以协助自己治理国家。国王说，他为自己的国家有这样的子民感到高兴，为自己的国家有这样守信用和讲义气的子民感到自豪。他相信，他们两个人一定会辅助他把国家治理成讲信用的礼仪之邦。

事实上，正是这两个人在担任了大臣以后，以诚信治天下，才使意大利走向了历史中的全盛时代。

我的成长启示

　　无论是一个人，还是一个组织、一个国家，当把信用当成安身立命的法则之后，就可以改变成败，就可以创造历史。

5美元的诱惑

【阅读导航】

诚实是人生的命脉，是一切价值的根基。

——德莱塞

农场主汤普森的小店里有很多寄宿的人。哈利的妈妈每周都给他们代洗衣物，报酬仅5美元。一个周六的晚上，小哈利像往常一样去那儿替妈妈领钱，他在马厩里遇到了农场主。

显然他正在气头上。那些总和他讨价还价的马贩子激怒了他，令他火冒三丈。他把手里的钱包打开了，钱包被钞票塞得鼓鼓的。当小哈利向他要钱时，他没有像从前那样训斥小哈利打扰了正在忙碌的他，而是马上将一张钞票递给了小哈利。

小哈利暗暗高兴，自己这次比往常轻易地过了这一关，他急忙走出马厩。到了路上，小哈利停下来，准备拿针将钱别在围巾的褶皱里。这时，他才发现汤普森给了他两张钞票，而不是一张！他往四周望了望，发现附近没有人看到他。他的第一反应，是为得到了这笔飞来横财而兴奋不已。

"这钱是我的了。"他心想，"我要买一件新的斗篷送给妈妈，妈妈就能把她那件旧的给玛丽姐姐了，这样，明年冬天玛丽姐姐就能同我一块儿去上学了,说不定还可以给弟弟汤姆买双新鞋呢。"

过了一会儿,他又认为这笔钱一定是汤普森在给他时拿错了,他没有权利使用它。正当他这样想时,一个充满诱惑的声音在他脑海里说:"这是他给你的,你又怎么知道他不是想要把它作为礼物送给你的呢?拿去吧,他绝对不会知道的。就算是他弄错了,他那大钱包里有那么多张5美元钞票,他也绝不会注意到的。"

他一边往家走,一边进行着激烈的思想斗争。他一路上都在思考着:是拿这笔钱给家人买东西重要呢,还是诚实重要?

他经过家门前那座小桥时,想到了妈妈平时的教诲:"你想要人家怎样对你,你就得怎样对人家。"

小哈利猛地转过身,跑回去。他跑得很快,快得让他差点儿连气都喘不过来了,仿佛是在逃离什么无形的危险。就这样,他径直跑回了农场主汤普森的店门口,并将多出的5美元还给了汤普森先生。

汤普森注视着眼前这个小男孩,从口袋里取出1美元递给了小哈利。

"不,谢谢你,先生。"小哈利说,"我不能仅仅因为做了件正确的事就得到报酬。我唯一希望的是,你不要把我看成是一个不诚实的人,因为5美元对我来说的确是个巨大的诱惑。先生,如果你曾看到过自己最爱的人连寻常的生活用品都买不起的话,你就能知道,要时刻做到对待别人就像希望别人如何对待自己一样,这对我来说是多么困难。"

倘若你想让人家怎样对待你,你就应以同样的方式对待人家。为此,我们一定要努力抵制住各种可能给别人带来损失的诱惑。

我的成长启示

对于一个缺少钱的孩子来说,5美元的诱惑是巨大的。在巨大的诱惑面前,还要保持自己的品质,这对一个孩子来说真的是一次大考验。然而让我们高兴的是,小哈利做到了,他的诚实坦荡让他获得了别人的尊敬。

我唯一不能失去的就是信用

【阅读导航】

信用既是无形的力量，也是无形的财富。

——松下幸之助

英国著名的小说家瓦尔特·司各特是一个诚实守信的人，虽然他很贫穷，但是人们都很尊敬他。

司各特为人正直，他的一个朋友看到他的生活很困难，就帮他办了一家出版印刷公司，可是由于他不善经营，不久公司就倒闭破产了。这使原本就很贫穷的作家又背上了60000美元的债务。

司各特的朋友们商量着要凑足钱帮助他还债。司各特拒绝了："不，凭我自己这双手能还清债务。我可以失去任何东西，但唯一不能失去的就是信用。"

为了还清债务，他像拉板车的老黄牛一样努力工作，他的朋友们都非常佩服他的勇气，都说他是一个真正的男子汉，是一个正直高尚的人。

当时的很多家报纸都报道了他的企业倒闭的消息，有的文章中充满了同情和遗憾。他把这些文章统统扔到火炉里，他在心里对自己说："瓦尔特·司各特不需要怜悯和同情，他

有宝贵的信用和战胜生活的勇气。"

从那以后，他更加努力地工作，还学会了许多以前不会干的活儿，经常一天跑几个单位，变换不同的工作，人累得又黑又瘦。

有一次，他的一个债主看了司各特写的小说后，专程跑来对他说："司各特先生，我知道您很讲信用，但是您是一个很有才华的作家，您应该把时间更多地花在写作上，因此我决定免除您的债务，您欠我的那一部分钱就不用还了。"

司各特说："非常感谢您，但是我不能接受您的帮助，我不能做没有信用的人。"

这件事之后，他在日记里这样写道："我从来没有像现在这样睡得踏实和安稳。我的债主对我说，他觉得我是一个诚实可靠的人，他说可以免掉我的债务，但我不能接受。尽管我的前方是一条艰难而黑暗的路，我却感到光荣，为了保全我的信誉，我可能困苦而死，但我死得光荣。"

由于繁重的劳动，司各特曾经病倒过。在病中，他经常对自己说："我欠别人的债还没还清呢，我一定要好起来，等我赚了钱，还了债，再光荣而安详地死去。"

这种信念使司各特很快就康复了。两年后他靠自己的劳动还清了债务。

我的成长启示

诚实守信，应该成为我们每个人最坚定的人生信念。这样，我们的生命将变得更高贵、更具价值。也许，我们的人生会碰到这样那样的困难和坎坷，但这些绝不能成为我们放弃诚信的理由，因为放弃诚信，就意味着对自己生命价值的背叛。只有诚实守信，才能问心无愧。

一场特殊的考试

【阅读导航】

> 诚实比一切智谋更好，而且它是智谋的基本条件。
>
> ——康德

雅利安公司是美国环球广告代理公司。因为业务需要，雅利安公司准备招聘4名高级职员，安东尼荣幸地成为10名复试者中的一员。

雅利安公司的人事部主任戴维先生告诉安东尼，复试主要是由贝克先生主持的。贝克先生是全球闻名的大企业家，他的经历充满了传奇色彩。听到这个消息，安东尼非常紧张。一连几天，他在口头表达、广告业务及穿戴方面都作了精心准备，以便顺利"推销自己"。复试是单独面试。安东尼一走进小会客厅，坐在正中沙发上的一个考官便站了起来。安东尼认出他正是贝克先生。

"是你？你是……"贝克先生激动地说出了安东尼的名字，并且快步走到安东尼面前，紧紧握住了他的双手。"原来是你！我找你找了很长时间了。"贝克先生一脸惊喜，激动地转过身对在座的另外几位考官说道："先生们，向你们介绍一下，这

位就是救我女儿的那位年轻人。"

安东尼的心狂跳起来，还没容得他说话，贝克先生就把他拉到自己旁边的沙发上坐下，说道："我划船技术太差了，让女儿掉进了密西西比河中，要不是这位年轻人帮忙就麻烦大了。真抱歉，当时我只顾看女儿了，也没来得及向你道谢。"

安东尼竭力抑制住心跳，抿抿发干的双唇，说道："很抱歉，贝克先生。我以前从未见过您，更没救过您女儿。"贝克先生又一把拉住安东尼："你忘记了？4月2日，密西西比河……肯定是你！我记得你脸上有颗痣。年轻人，你骗不了我的。"贝克先生一脸的得意。安东尼站起来说："贝克先生，我想您肯定是弄错了。我没有救过您女儿。"安东尼说得很坚决，贝克先生一时愣住了。忽然，他又笑了："年轻人，我很欣赏你的诚实。我决定：你免试了。"

几天后，安东尼幸运地成了雅利安公司的职员。有一次，安东尼和戴维先生闲聊，他问戴维："救贝克先生女儿的那位年轻人找到了吗？""贝克先生的女儿？"戴维先生一时没反应过来，接着他大笑起来，"他女儿？有7个人因为他女儿被淘汰了。其实，贝克先生根本没有女儿。"

我的成长启示

贝克先生为10名复试者准备了一场特殊的面试，很多人面对从天而降的机会会不顾一切地紧紧抓住，却忽视了这是否违背了诚实这一做人的原则。因此，我们应该以一颗平常心来面对生活，做一个诚实可信的人，这样我们才能活得真实自然。

放弃虚假的满分

【阅读导航】

你可以在一段时期内欺蒙住全部人民，也可以在全部时期内欺蒙住部分人民，但你不能在全部时期内欺蒙住全部人民。

——林肯

甘地出生在一个世袭贵族家庭，他的父母重视对子女的品德教育，对甘地从不娇生惯养。甘地从小就有意识地培养自己良好的品德，希望成为一个道德高尚的人。

有一次，上级派来的督学来学校检查学生的学习情况，并安排在课堂上进行英语考试。老师和同学们都非常重视。考卷一共有5道题，其中4道题甘地都答对了，但有一道题把他难住了。他坐在凳子上看着试题，苦思冥想，就是想不起来"茶壶"这个单词怎样写。

时间一分一秒地在流逝，考试结束的时间快到了，其他同学一个个答完了试卷，高高兴兴地走出了教室。甘地心急如焚，要是再想不出来，就答不上了。如果这次考得不好，怎么向一直关心自己的老师和父母交代呢？

甘地越是着急就越想不起来，

他急得头上都冒出了汗珠。这时，老师刚好走到甘地后面，看见甘地还有一题没有写上答案，感到非常吃惊——他平时学习不错呀，怎么今天反而不如其他同学呢？于是，老师就有意用鞋尖儿碰了一下甘地坐的椅子腿儿，暗示甘地偷看一眼邻座同学的考卷答案。甘地马上意识到了老师的苦心。其实，老师平时也经常教导同学们要做个诚实的孩子，还不止一次告诉同学们作弊是可耻的行为。可能这次考试的确比较重要，连老师都希望甘地能考个好成绩，才出此下策的吧。

怎么办？甘地心想，如果遵循老师的暗示，只要朝邻座看上一眼，他就会轻而易举地得到那道题的正确答案，那么很快就能答完试题，让自己烦躁的心情平静下来，而且老师事后也不会责怪他。但是，甘地想，如果他这么做了，那他不就成了一个作弊的孩子了吗？明知道那是错的，为什么还要去做呢？

甘地没有按老师的示意去做，而是静静地坐在座位上又思考了起来。下课铃声响了，甘地的考卷上还是空着一道题，结果可想而知，其他同学都考得不错，很多同学得了满分，大家都很高兴，只有甘地成绩不高。当老师把考卷递到甘地手里时，好像也被甘地的这种诚实行为感动了。尽管甘地影响了班上的成绩，但老师也没有责怪他。

甘地把考卷拿回家后，把详情如实地告诉了父母，他承认自己这次没有考出好成绩是由于没有认真复习功课。他的父母没有批评他，反而肯定了他的诚实的行为，他父亲说："孩子，你做得对，我们宁愿要你诚实的品质，也不要那个虚假的满分。你的品质在我们眼里比满分更可贵。"

果然，甘地的品德对他后来的成功起到了不可低估的作用。他靠自己的人格魅力和领袖的声望，为印度人民争取独立解放作出了巨大的贡献。

我的成长启示

　　诚实是人的宝贵品质，作假总有一天会被别人识破的。诚实是成功的"助推器"，作假是成功的"绊脚石"。我们也应该像甘地一样，选择诚实，放弃虚假。

乌鸦喉咙里的金项链

【阅读导航】

你必须以诚待人，别人才会以诚相报。

——李嘉诚

在德国的一个小镇吴婆塔，住着一个穷织工。人们从来没听他发过牢骚，不论碰到什么愁苦和烦忧，他总是说："嘿，上帝会帮忙的！"

有一次，他的老板告诉他："嘿，德比，等你织完了手头这匹布，就没有多少活儿可干了，你得等到6个月以后呢。"

德比听后很难过，他想：上帝啊！我该怎么把这事跟妻子说呢？6个月可是相当长的时间啊！

回到家里，他不得不把这个坏消息告诉妻子，他的妻子哭了起来："我们没钱的话，拿什么给孩子们买吃的和穿的呀！"

德比很着急，却不得不安慰着妻子，可此时他还能有什么好说的呢，他只能说："嘿，上帝会帮忙的！"说完之后，他悄悄地溜出了家门，免得看见妻子伤心。

街上有几个孩子正在玩，德比站在一旁，看他们用棍子拨弄一只死乌鸦。他想：可怜的鸟儿，它是怎么死的呢？

孩子们散了以后，德比走过去，他蹲下来观察那只死鸟。咦，他发现死鸟的喉咙里好像有什么东西，鼓鼓的。他用随身携带的小刀在死鸟的喉咙里一搅，然后拖出来一看，呀！原来是一条漂亮的金项链！他拿起项链揣进荷包，一路小跑到村里的珠宝店，德比问珠宝商："您知道这项链是谁的吗？"

"哦，我知道！这是雪莉太太的。"大啊！雪莉太太不就是他老板的妻子吗！德比马上跑到老板家，去交还项链。

德比的老板晚上回到家里，听到妻子说起德比的行为后说："我绝不会让这么诚实的人失去工作的。"第二天，老板找到德比说："你从现在开始就回来工作吧，这是你得到的回报，我总是用得上一个诚实的人的。"

德比又有工作了，他的妻子和孩子们不再没有食物吃、没有衣服穿，一家人快快乐乐地过着每一天。

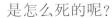 **我的成长启示**

　　只有诚实才能使你内心平静，才能使你坦然面对一切。上帝也绝对不会忘记诚实的人。我们应该扔掉侥幸心理，追逐生命的华彩，像花儿一样舒展自己，诚实的生命才会更精彩。

卡尔·威勒欧普的诚信故事

【阅读导航】

信用是难得易失的，费十年工夫积累的信用，往往由于一时的言行而失掉。

——池田大作

卡尔·威勒欧普是一个诚信的人，他十分信守自己的诺言。他能够成为百事可乐公司的总裁，与他的诚信有着很大的关系。

卡尔每天的工作日程都排得很满。一次，为了能够与父亲一起过生日，卡尔的女儿一个月前就央求父亲为自己的生日留出一个晚上的时间。卡尔当然答应了下来。

女儿生日那天，卡尔早早就下班了，匆匆赶回家里，给女儿过生日。为避免打扰，卡尔关闭了手机，打算给女儿一个愉快的夜晚。

正当卡尔兴致勃勃地看着女儿分蛋糕时，他的助理急匆匆地赶来了。助理把卡尔叫到一旁，小声汇报："有一个非常重要的客户，很想在

这个晚上与您见一面。"

"可是，我已答应了女儿，今天整个晚上都陪在她身边。"卡尔面露难色。

助理委婉地说

道："这个客户此前确实没有预约，他只在此地作短暂的停留，是临时决定要拜见您的……"

怎么办？一边是正玩儿得开心的女儿，而另一边是等待会见的重要客户。

卡尔思考片刻，便转身告诉助理："我觉得我还是应该留下来陪女儿，你去接待一下客户，并替我转达真诚的歉意，跟他约好时间，届时我会亲自登门拜访。如果连答应女儿的事情都不能兑现，我还能兑现别人什么呢？"

助理再次提醒总裁这个客户实在太重要了，一点儿也不能得罪的，否则他也不会这样急匆匆地赶来了。

女儿十分懂事，她理解父亲，也让父亲去见客户。

可卡尔一脸的坚定："不，我已说过，我不想做一个失约的父亲。虽然会见客户很重要，但我一个月前向女儿许下的承诺更重要，谁都不能改变我作出的承诺。"

望着卡尔坚定的面孔，助理知道自己再劝说也是无用的。他只好按照卡尔的吩咐，向客户表达了卡尔的歉意。

第二天，卡尔上班做的第一件事，就是打电话向那位客户道歉，客户非但没有生气，反而赞叹道："卡尔先生，其实我要感谢您，是您用行动让我感受到了什么叫作一诺千金。"这个客户后来成了卡尔公司的长期合作伙伴。即便在百事可乐公司遭遇最大困难的时候，对方也不曾动摇对卡尔的信任。

我的成长启示

　　在生活中，有些人总是随意许诺，却从不兑现，这是不诚信的表现。人际关系中最重要的，莫过于诚信，而且是出自内心的诚信。诚信在社会上是无往不利的一把剑，无论走到哪里，都应该带着它。

用200法郎购买20分钟

【阅读导航】

遵守诺言就像保卫你的荣誉一样。

——巴尔扎克

1779年，德国哲学家康德计划到一个名叫珀芬的小镇去拜访朋友彼特斯。在出发之前，他曾写信给彼特斯，说3月2日上午11点钟前到他家。

康德是3月1日到达珀芬的，第二天清晨便租了辆马车前往彼特斯家，如果不出意外，他9点30分就能到达彼特斯家里。彼特斯住在离小镇12英里远的一个农场里，小镇和农场间有一条河。当马车来到河边时，车夫说："先生，我们不能再往前走了，桥坏了。"

康德看了看桥，发现中间已经断裂。河虽然不宽，但很深。他焦虑地问："请问，附近还有别的桥吗？""有，在上游6英里远的地方。"车夫回答说。

康德看了一眼表，已经10点钟了。他问："如果走那座桥，我们什么时候可以到达农场？"

"我想得12点30

分。"

"可如果我们经过面前这座桥，最快需要多长时间到？"

"不到40分钟。"

"好！"康德跑到河边的一座农舍里，向主人打听道："请问您的那间小屋要多少钱才肯出售？""给200法郎吧！"

康德付了钱，然后说："如果您能马上从小屋上拆下几根长木板，20分钟内把桥修好，我可以把小屋赠送给您。"

农夫把两个儿子叫来，按时完成了任务。马车快速地过了桥，10点50分赶到了农场。在门口迎候的彼特斯高兴地说："亲爱的朋友，您真准时。"

康德笑了。

康德回去之后，他的朋友获知了这个消息——原来是他修好了桥才能准时见自己。朋友写信说大可不必。但是康德却说："我不能让自己在确定了时间之后还迟到，这是一种不负责任的表现。守时对我来说是必须做的，这样做也是为了节省您的时间啊！"他的朋友收到信，笑着对身边的人说："看，这就是康德！"

 我的成长启示

　　守时是一种无形的承诺，是为人讲信用的体现。守住那份承诺，也是守住了自己的责任。这样的人，才能赢得他人的尊重和喜爱，才能收获更多。

我相信你

【阅读导航】

诚实是力量的一种象征，它显示着一个人的高度自重和内心的安全感与尊严感。

——艾琳·卡瑟

20世纪90年代，他上大学三年级，一个偶然的机会，他被摇滚乐《梦回唐朝》深深震撼。他决定把摇滚乐手请到他的老家——乌鲁木齐。摇滚乐手说："你只要能筹到十六七万元人民币，我们就可以奔赴乌鲁木齐演出。"

他当时只是个穷学生，更何况那是个天文数字。但他想也没想，只身回到了乌鲁木齐。他跑企业，拉赞助，跑了几十天，还是一无所获。他几乎想放弃了。一天，他上街漫无目的地溜达，不知不觉又到了一家民营企业门前。这家民营企业，他已经跑了几十趟，这次他几乎不抱任何希望。站在公司门口，他犹犹豫豫的，进不进去呢？这时，老板看见了他，对身边的财会人员说："去，给这个小伙子拿两万元。"突如其来的惊喜，让他喜出望外。他要给老板打收据，老板大手一挥，说："不用，我相信你。"

筹到第一笔钱，他增强了信心。紧接着，他又筹到了6万元。可还差8万多元，该怎么办呢？他想来想去，决定提前售票。他在广播电台做了一个广告，大意是谁能帮着卖出票，就可以得到一张摇滚音乐会的入场券。广告播出后招来一大群中学生。有学生提出是否登记一下，他想起上次那位民企老板，便说："不用，我相信你们。"过了一段时间，他办事回来。在宾馆门口，门卫对他说："快回房间，一大群学生等着呢。"他急忙往房间赶，看见一大群学生有坐在地上的，有靠着墙的，都累得直打瞌睡。他感动得眼泪直打转。学生们见他回来了，都兴奋地嚷道："我们把票全卖出去了！"说完便一股脑把书包里的钱都倒在了茶几上。就这样，他筹够了款子，《梦回唐朝》终于在乌鲁木齐奏响。

他就是影视明星李亚鹏。谈到这段人生经历时，他说："当一个人对社会的伤害毫无防御能力时，我有幸遇到了一群大好人。一句'不用，我相信你'犹如一盏明灯，为我的人生道路指明了方向。"

（作者：西遇尘）

我的成长启示

信任如一盏温暖的明灯，足以照亮人的一生，而诚信之人则能将这盏明灯高悬夜空，照亮别人的路。

走进兵器世界，感受铁血军魂

一 迅猛战隼 F—16 "战隼" 战斗机

兵器档案

- 型号：F—16 "战隼" 战斗机
- 机长：15.09米
- 机高：5.09米
- 翼展：9.45米
- 航速：2175千米/小时

　　F—16 "战隼" 战斗机是美国空军的一种超音速、单发动机、单座、多用途轻型战斗机，主要用于空战，也可用于近距离空中支援，是美国空军的主力机种之一。

　　它的机身左侧装有20毫米M61六管 "火神" 航炮。可携带多种空对空导弹、空对地导弹、反舰导弹、常规炸弹、多种激光制导炸弹和集束炸弹。迄今为止，F—16 "战隼" 战斗机已有十多种改进机型，国外用户包括比利时、丹麦、荷兰等国家，难怪 F—16 "战隼" 战斗机享有 "国际战斗机" 之誉。

二 飞翔的眼镜蛇 AH—1F "眼镜蛇" 直升机

兵器档案

- 机长：13.6米
- 旋翼直径：13.41米
- 最大起飞重量：4500千克

　　AH—1 "眼镜蛇" 直升机是美国于20世纪60年代中期研制的专用反坦克武装直升机，也是当时世界上第一种反坦克直升机。它与AH—64 "阿帕奇" 被列为美国及其盟国反坦克常规武器库中的主要武器。由于其飞行与作战性能好、火力强，被许多国家广泛使用。经过几十年的不断改进和改型，AH—1系列成为发展型号最多、服役时间最长、生产批量最大的武装直升机系列，AH—1F直升机即为其中的一个型号。

第 10 章

细节决定成败

　　细节是平凡的、具体的、零散的，如一句话、一个动作、一件小事……细节很小，容易被人们所忽视，但它的作用是不可估量的。生活中无小事，细节决定成败。注重细节的人，能将小事做细，而且注重在做事的细节中找到机会，从而使自己走上成功之路。

十二次微笑

【阅读导航】

我强调细节的重要性。如果你想经营出色，就必须使每一项最基本的工作都尽善尽美。

——雷·克洛克

在入住酒店前，一位旅客请求服务生给他倒一杯水吃药。服务生很有礼貌地回答说："先生，请稍等片刻，等您进入房间后，我会立刻把水给您送过去，好吗？"

15分钟后，服务生早已经进入自己的房间，躺在床上休息。突然，客房服务铃急促地响了起来，服务生猛然意识到：糟了，由于太忙，我忘记给那位旅客倒水了。服务生来到客房，看见按响服务铃的果然是刚才那位旅客。他小心翼翼地把水送到那位旅客房间，面带微笑地说："先生，实在对不起，由于我的疏忽，延误了您吃药的时间，我感到非常抱歉。"那位旅客抬起左手，指着手表说道："怎么回事，有你这样服务的吗？"服务生手里端着水，心里感到很委屈，但是，无论他怎么解释，那位挑剔的旅客都不肯原谅他的疏忽。

接下来的时间里，为了补偿自己的过失，每次去房间给那位旅客服务时，服务生都会特意走到那位旅客面前，面带微笑地询问他是否需要水，或者别的什么帮助。然而，那位旅客余怒未消，摆出一副不合作的样子，并不理会他。

要离开酒店前，那位旅客要求服务生把留言本给他送过去，很显然，他要投诉这名服务生。此时服务生心里虽然很委屈，但是仍然不失职业道德，显得非常有礼貌，他面带微笑地说道："先生，请允许我再次向您表示真诚的歉意，无论您提出什么意见，我都将欣然接受您的批评。"那位旅客脸色一紧，张了张嘴巴准备说什么，可是却没有开口，他接过留言本，开始在本子上写了起来。

等到那位旅客离开后，服务生本以为这下完了，没想到，等他打开留言本，却惊奇地发现，那位旅客在本子上写下的并不是投诉信，相反，是一封热情洋溢的表扬信。

是什么使得那位挑剔的旅客最终放弃了投诉呢？在表扬信中，服务生读到这样一句话："在整个过程中，您表现出的真诚的歉意，特别是您的十二次微笑，深深打动了我，使我最终决定将投诉信写成表扬信。您的服务质量很高，下次如果有机会，我还会入住你们的酒店，我期待你们的真诚服务。"

我的成长启示

　　细节就是在你自己看不到的时候，还有人会看到的东西。一次微笑容易，难的是永远保持这样，所谓"赢在细节"就是这个道理。微小的细节体现出来的是一个人的高贵品质。

如果你是对的，你的世界就是对的

【阅读导航】

重视每一件小事。我是从一滴焊接剂做起的，对我来说，点滴就是大海。

——洛克菲勒

一个青年，大学毕业后去了深圳，想要靠自己打工闯出一番事业来，但很不幸，一下火车，他的钱包就被偷了，身份证明和所有的钱都没有了，在受冻挨饿了两天后，他决定开始捡拾垃圾——虽然饱受白眼，但至少能够解决吃饭的问题。

一天，他正在低头捡垃圾，忽然觉得背后有人注视着自己，他回过头去，发现有个中年人站在他的背后。中年人拿出了一张名片，说道："这是一个正在招聘的公司，你可以去试试。"

那是一个很热闹的场面——五六十个人，同在一个大厅里，等着工作人员叫号，其中很多人都是西装革履的，他有点儿自惭形秽，想退下来，但最终还是等到了工作人员叫他的那一刻。

当他递上名片，工作人员就伸出手来说："恭喜你，你已经被录取了。"见他不解，那位工作人员又补充了一句，"这是我们总经理的名片，他曾经吩咐过，有个青年会拿着这张名片来应聘，他只要来了，就是我们公司的一员。欢迎你！"

就这样，没有经过任何面试，他进入了这家公司，后来，由于个人努力，他还成为了副总经理——仅次于总经理，即递给他名片的那个中年人。

"你为什么会选择我？"在闲聊时，他总会问总经理同样的一个问题。"因为我会看相，知道你是栋梁之材。"每次，总经理都神秘兮兮地这样说。

又过了两三年，公司业务越做越大，总经理要去新城市进行新投资。临走时，总经理将这个城市的所有业务都委托给了他——这是意料之中的事，也是众望所归。

送行那天，他和总经理在候机贵宾室里面对面坐着。"我知道，你肯定一直都很想知道，我为什么会选择一个捡拾垃圾的年轻人，让他成为我的职员，最后还让他坐上了我的总经理宝座。"总经理淡淡一笑，说起了往事，"那是因为你很优秀，那次很偶然地我看见了你在捡拾垃圾，然后我刻意观察了你很久——知道吗？你让我很震惊——你是我看到的每次把有用的东西拣出来后，还将剩下的垃圾再归理好放回垃圾箱的唯一一个人。

"当时我就在想，如果一个人在这样的不利环境下，还能够注意到这种细节，那么，无论他是什么样的学历，什么样的背景，我都应该给他一个机会。而且，连这种小事都可以做到一丝不苟的人，不可能不会成功——如果你是对的，你的世界就是对的！"

（作者：凡锁）

我的成长启示

是啊，把每一件小事都做得一丝不苟，无论心情怎样，无论环境怎样，总是积极面对，总是乐观向上，总是兢兢业业、全心全意，还会有什么做不成功的事情呢？一个能把细节做得很完美的人，上天也会把机遇给他的。

两块钱的力量

细节决定成败。

——汪中求

在一次招聘会上，北京某外企人事经理说，他们本想招一个有丰富工作经验的资深会计人员，结果却破例招了一位刚毕业的大学生，让他们改变主意的原因只是一个小小的细节：这位学生当场拿出了两块钱。

人事经理说，当时，大学生因为没有工作经验，在面试一关即遭到了拒绝，但他并没有气馁，一再坚持。他对主考官说："请再给我一次机会，让我参加完笔试。"主考官拗不过他，就答应了他的请求。结果，他通过了笔试，由人事经理亲自复试。

人事经理对他颇有好感，因为他的笔试成绩最好，不过，他的话让经理有些失望。他说自己没工作过，唯一的经验是在学校掌管过学生会财务。找一个没有工作经验的人做财务会计不是他们期望的，经理决定放弃："今天就到这里，如有消息我会打电话通知你。"男孩从座位上站起来，向经理点点头，从口袋里掏出两块钱用双手递给经理："不管是否被录取,请都给我打个电话。"

经理从未见过这种情况,问:"你怎么知道我不给没被录用的人打电话?""您刚才说有消息就打,那言下之意就是没被录用就不打了。"

经理对这个男孩产生了浓厚的兴趣,问:"如果你没被录用,我打电话,你想知道些什么呢?""请告诉我,在什么地方我不能达到你们的要求,在哪方面不够好,我好改进。""那两块钱……"男孩微笑道:"给没有被录用的人打电话不属于公司的正常开支,所以由我付电话费,请您一定打。"经理也笑了,说:"请你把两块钱收回,我不会打电话了,我现在就通知你:你被录用了。"

记者问:"仅凭两块钱就招了一个没有经验的人,是不是太感情用事了?"经理说:"不是。这些面试细节反映了他作为财务人员具有良好的素质和人品,素质和人品有时比资历和经验更为重要。第一,他一开始便被拒绝,但却一再争取,说明他有坚毅的品格。财务是十分繁杂的工作,没有足够的耐心和毅力是不可能做好的。第二,他能坦言自己没有工作经验,显示了一种诚信,这对搞财务工作尤为重要。第三,即使不被录用,也希望能得到别人的评价,说明他有直面不足的勇气和敢于承担责任的上进心。员工不可能把每项工作都做得很完美,我们接受失误,却不能接受员工自满不前。第四,男孩自掏电话费,反映出他公私分明的良好品德,这更是财务工作不可或缺的。"

我的成长启示

细节能悄悄地改变别人对我们的看法,能改变我们的命运。两块钱彰显了男孩注重细节的品质,正是这种品质让他得到了工作。

山姆·沃尔顿：不要让瑕疵影响一生

【阅读导航】

天下大事，必作于细。

——老子

他的父亲只是一名贫穷的油漆工，仅仅靠着微薄的打工收入供他念完高中。这一年，他有幸被美国著名学府——耶鲁大学录取，但是，他却因为缴纳不起大学昂贵的学费，面临着辍学的危险。于是，他决定利用假期，像父亲一样外出做油漆工，以期挣够学费。他到处揽活，终于接到了给一栋大房子刷油漆的任务。尽管主人是个很挑剔的人，但给的价钱不低，不但能够让他缴清这一学期的学费，甚至让他连生活费也都有了着落。

这天，眼看着即将完工了。他将拆下来的橱门板，最后又刷了一遍油漆。橱门板刷好后，再支起来晾干即可。但就在这时，门铃突然响了，他赶忙去开门，不想却被一把扫帚给绊倒了，倒了的扫帚又碰倒了一块橱门板，而这块橱门板又正好倒在了昨天刚刚粉刷好的一面雪白的墙壁上，墙上立即有了一道清晰可见的漆印。他立即动手把这条漆印用刮刀刮掉，又调了些涂料补上。等一切被风吹干后，他左看右看，总觉得新补上的涂料色调和原来的墙壁不一样。想到那个挑剔的主人，为了那即将得到的酬劳，他觉得应该将这面墙再重新粉刷一遍。

终于，他累死累活地干完了，可第二天一进门，他又发现昨天新刷的墙壁与相邻的墙壁之间的颜色出现了一些色差，而且越是细看越明显。最后，他决定将所有的墙壁再刷一遍……

最后，就连那个挑剔的主人也对他的工作很满意，付足了他酬劳。但是这些钱对他来说，除去涂料费用，就已经所剩无几了，根本不够缴学费的。

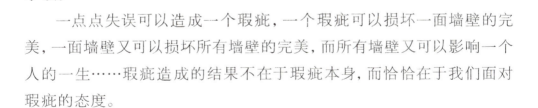

不知怎的，屋主的女儿知道了事情的原委，便将事情告诉了她的父亲。她父亲知道后很是感动，在女儿的要求下，同意赞助他上完大学。大学毕业后，这个年轻人不但娶了那个屋主的女儿为妻，而且还走进了屋主所拥有的公司。十多年以后，他成为这家公司的董事长。他就是拥有世界500强之一的沃尔玛百货公司的富商——山姆·沃尔顿。

一点点失误可以造成一个瑕疵，一个瑕疵可以损坏一面墙壁的完美，一面墙壁又可以损坏所有墙壁的完美，而所有墙壁又可以影响一个人的一生……瑕疵造成的结果不在于瑕疵本身，而恰恰在于我们面对瑕疵的态度。

我的成长启示

　　面对墙壁上的瑕疵，你会作出什么样的选择？视而不见，还是重新刷涂料？沃尔顿选择了重刷，因此他获得了巨大的成功。对细节的重视，来源于对自己的严格要求，不能让一点儿失误影响自己的人生。

注重细节是一种美德

【阅读导航】

小事成就大事，细节成就完美。

——戴维·帕卡德

刚到斯坦福大学念书时，我发现教室的设计很特别：剧场式的阶梯教室，马蹄形的桌子。我坐下来，看到桌上有一条长长的细缝。白蚁蛀的吗？怎么可能这么整齐！"这是插名牌用的。"同学告诉我。

注册时，教务处发给我一张横式长方形厚纸卡，上面写着"王文华"三个字。上课时我们要把名牌插进细缝，好让老师看清楚我们的名字，方便点名发言。阶梯教室和马蹄形桌子，都是为了让老师、同学看到彼此，这样讨论时容易产生火花。

不久，我把学校发给我的名牌弄丢了，于是我自己又做了一个，插进细缝中。下课后老师跟我说："我看不清楚你的名字。""为什么？""因为你做的名牌，名字和纸张底部之间的留白不够，插进有深度的缝隙，名字的一半都被塞进缝隙里了。"我拿出名牌一看，果然是这样。"你应该叫教务处帮你重做，他们做的名牌都是精确测量过的，插进细缝中刚刚好。"老师临走前一语双关地说："把你那张halfassed的名牌丢了吧，那张名牌只能让我们看到一半的你。"当时我听不懂"halfassed"是什么意思。我去查字典，上面写着："凡事只做一半，不注意细节。"没错，在那之前，我一直是个大而化之的人。

好的学校，连学生名牌上的名字和纸的边缘距离都"斤斤计较"，而过去的我，只会嘲笑这样的人。

在斯坦福大学第一年的暑假，我和一位带着两岁小孩的朋友去拜访在苹果计算机公司工作的学长。我们一起在他们公司的员工餐厅吃午餐，朋友抱着小孩，吃了不到两口，只见学长走到角落，拿来一张儿童椅。"你们的员工餐厅还有儿童椅？""当然啦！虽然很少有员工会把小孩带到公司，但我们总要预防那种万一！"

毕业后我开始工作，常常出差。有一次我坐新航公司的长程飞机，第一餐结束后，机舱的灯变暗了。空姐问我要不要睡觉，我说要。于是她把一张贴纸贴在我的椅子上，上面写着"客人要休息，下次餐饮不要打扰"。而大部分的航空公司会拍醒你，问你要不要用餐。你说不要，但被吵醒后就再也睡不着。新航公司用一张贴纸，两全其美地解决了问题。

工作这些年来，我发现成功的人和公司不论大事小事，总能做到滴水不漏。他们不是依靠革命性的创意，因为革命性的创意可遇而不可求，而是耐心把例行的公事做到完美，他们和二流之间的差别就在于细节。

我永远记得斯坦福大学的名牌、苹果计算机公司的儿童椅和新航公司的贴纸。它们代表的是一种细致和体贴，一种成本很小、容易做到，大家却最不屑一顾的美德。的确如此，很多我们不注意的小细节，往往却是最重要的一环。

（作者：王文华）

我的成长启示

完美和完成之间的差别只在于细节。注重细节是一种美德，很多时候，我们的粗心大意会给别人和自己带来困扰，而只有注意细节的人，才会得到别人的欣赏与尊重。

一块碎片的价值

【阅读导航】

我们必须改变心浮气躁、浅尝辄止的毛病，提倡注重细节、把小事做细。

——卢瑞华

1905年的一天，美国伊利湖畔繁忙的公路上，发生了一起严重的车祸：两辆汽车头尾相撞，后面又撞上了一连串的汽车，转眼间，公路上一片狼藉，碎玻璃、碎金属片满地皆是。

事故发生以后，除了警察赶到现场以外，还来了一个汽车厂的老板，他就是后来闻名于世的"汽车大王"亨利·福特。

福特为什么也急匆匆地赶来呢？

原来，这位精明的老板希望从撞坏的汽车上找到一点儿别人的秘密。

福特仔细地搜索着每一辆被撞坏的汽车。突然，他被地上一块亮晶晶的碎片吸引住了，这是从一辆法国轿车阀轴上掉下来的碎片。粗看这块碎片并没有什么特殊之处，然而，它的光亮和硬度使福特感到其中必定

隐藏着巨大的秘密。

于是，福特把碎片捡了起来，悄悄地放进了口袋，准备带回去好好研究研究。

回到公司以后，福特将这块碎片送到了中心试验室，吩咐他们分析一下，看看这块碎片内究竟含有什么东西。

分析报告很快出来了，这块碎片中含有少量的金属钒：它弹性优良，韧性很强，坚硬结实，具有很好的抗冲击和抗弯曲能力，而且不易磨损和断裂。

同时，公司情报部门送来了另一份报告，结论认为，法国人似乎是偶然使用了这块含钒的钢材，因为同类型的法国轿车上并不都使用这种钢材。

这一下，福特高兴极了。他下令立刻试制钒钢，结果确实令人满意。接着，他又忙着寻找储量丰富的钒矿，解决冶炼钒钢的技术难题。他希望早日将钒钢用在自己公司制造的汽车上，迅速占领美国乃至世界市场。

福特终于成功了。他的公司用钒钢制作汽车发动机、阀门、弹簧、传动轴、齿轮等零部件，汽车的质量得到了大幅度的提高。

几十年以后，福特汽车公司成了世界上最大的汽车生产厂商之一，福特曾高兴地说："假如没有钒钢，或许就没有福特汽车的今天。"

（作者：崔鹤同）

我的成长启示

在失败或意外中寻找事情的细节和缘由并从中获得启示，比持旁观和失望的态度更加有意义。福特从一场灾祸中的一个小小观察中取得事业上的成功，靠的是敏锐的眼光和独特的判断力。他从细节中获得对自己有用的信息，从而为自己创造了获取成功的机遇。

每件事都会有结果

【阅读导航】

细节不是"细枝末节"，而是用心，是一种认真的态度和科学的精神。

——汪中求

多年前，一个年轻人在营销策划公司工作。一天，他的一位朋友找到他，说自己的公司想做一个小规模调查。朋友希望年轻人出面，把业务接下来，然后他自己去运作，最后的调查报告由年轻人把关。当然，朋友会给年轻人一笔酬劳。

那的确是一笔很小的业务，没什么太大问题。市场调查报告出来后，年轻人很明显地看出了其中的水分，但他只是做了些文字加工和改动，就把它交了上去。事情就这样过去了。

几年后，年轻人成了营销界小有名气的策划人。一次，公司委派他为北京一家大型商场做一整套营销方案。不料，对方的业务主管明确提出，对年轻人印象不好，要求换人。原来，该主管正是当年市场调查

项目的那个委托人。

也许，这两件事先后发生在一个人身上只是一种巧合。但这种偶然性当中其实已包含了必然性，因为越是微不足道的小事，就越能看出一个人的品质。年轻人最初的草率，已注定他日后将丧失良机。反之，一个人若是对自己所做的每一件事都竭尽全力，那他必将为自己赢得越来越多的机遇。

电影巨星帕特·奥布瑞恩就是这种善于赢得机遇的人。1903年，帕特·奥布瑞恩在纽约参加一出名为《向上，向上》的话剧演出，其中有一段是帕特与两个怒气冲冲的人争执不休的表演。

由于这出话剧的反响不够理想，剧团后来移到一家小剧院去演出。演员的薪水也削减了，他们的前途一片暗淡。然而，多年的教育使得帕特养成了"凡事尽力而为"的习惯。因此每一次演出，他都把整个身心融入角色中，从场上下来时，他总是满身大汗。

8个月后的一天，帕特接到一个电话，邀请他参加电影《扉页》的拍摄。

原来，《扉页》的导演刘易斯·米尔斯顿偶然间看到了《向上，向上》，其中帕特在桌边与人争吵的那一幕给他留下了深刻的印象。于是，他推荐帕特在《扉页》的一场戏中扮演一个角色。

这是帕特·奥布瑞恩银幕生涯的起点。后来，他成了非常著名的电影明星。

（作者：苇笛）

我的成长启示

我们做的每一件事都会有结果，如果只是抱着侥幸的心理去处理事情，最终会与机会失之交臂。只有在每一个细节之处都投入自己的精力，才能获得更多的机会。

迪斯尼精美的动画世界

【阅读导航】

成功是细节之子。

——哈维·费尔斯通

　　迪斯尼公司的创始人迪斯尼非常清楚那些看上去琐碎的细节在追求一个卓越目标的过程中具有非凡的意义。他凭借一双艺术家的眼睛，意识到对细节的注重是实现他梦想的关键。

　　迪斯尼公司为了使大众在迪斯尼体验神奇的经历，在细节方面花费了无数心血，形成了独特的风格。对细节的格外小心是迪斯尼动画电影的一个特征。比如在电影《白雪公主和七个小矮人》中有一个镜头，一滴水珠从肥皂上滴下来，观众可以看到闪闪发光的泡沫在烛光中闪烁，而不是像其他电影一样只能看到从肥

皂上掉下来的水滴。这些闪烁的泡沫是这部动画电影中一个非同寻常的细节，给观众带来了审美享受。虽然这是一个简单的细节，但要创造这样的电影魔术，只有极其熟练、才华横溢的艺术家才能做到。为了追求这个小小细节的完美，迪斯尼不惜重金邀请专业人士来专门制作。

　　迪斯尼乐园也许更能体现迪斯尼对细节的关注，它的任何一个角落都逃不过迪斯尼追求完美的眼睛。为了充分证实所有的细节都完美，为了让他的顾客能够在迪斯尼乐园享受一次独特的、美好的旅程，这位老板几乎在乐园的各个角落都留下了自己的脚印。他规定迪斯尼乐园的垃圾箱要严格地按照每25英尺放一个来设置，他用高质量的油漆粉刷过山车，有时甚至会用真正的金粉和银粉来粉刷建筑物。他雇用专门的人在迪斯尼乐园中巡逻，以确保乐园中所有的颜色都是协调的。这位娱乐业的巨头凭直觉意识到整个乐园的包装、颜色、声音和味道都会对客人们观看表演产生影响。

　　迪斯尼在阐述迪斯尼公司的细节服务理念时谈到，一家生意兴旺的饭馆因为一个不协调的因素就可能走下坡路。尽管这家饭店的食品是一流的,服务是一流的,装饰也是一流的,但是因为它播放的音乐不合食客的口味,食客就可能对这顿饭感到不满意——小小的一个不协调的因素就可能将整个苦心经营的饭店的形象破坏掉,而迪斯尼不想冒这种风险。

"我们如何能做得更好?"这是迪斯尼公司历任领导者都要问的问题。迪斯尼曾经说:"每次我逛一个景点,我都会想到,这东西有没有什么毛病,并问我自己怎么样能够进一步提高。"在迪斯尼公司还流传着这样一个故事:迪斯尼有一天在迪斯尼丛林游览了一个景点,之后很生气,因为这个景点的广告上说这趟旅行大约要花7分钟,他计算了一下时间,发现只要4分钟。这样,很容易让客人感到自己被欺骗了。这违反了迪斯尼的价值观,也没有达到迪斯尼的质量要求。他命令这趟旅行立即加长时间。他解释说,在细节上粗心大意是不可容忍的,这样的态度会使客人怀疑迪斯尼的信誉,怀疑他全心全意的服务宗旨和个人信条。

当人们感叹迪斯尼公司所取得的成绩时,千万不要忽视了它对细节的极度重视。正因为对细节的尽职尽责能够带来巨大的效益,迪斯尼公司才会为客户拿出自己最好的作品。

我的成长启示

　　关注每个细节,成就了迪斯尼公司的传奇。我们也要追求这种境界,争取让自己的每件事情都做到最好,即使那是一件很小的事情。

注重细节的人能成大事

【阅读导航】

致广大而尽精微。

——《中庸》

细节的重要性，实在是无须多言。世上很多事的成与败、优与劣、美与丑，皆是源于细节。

意大利的琼·撒西，因自小家境贫寒，9岁时不得不退学，跟母亲在一所学校旁边开了一间文具店。店小得只有七八平方米，因此他们赚不了多少钱，只能勉强维持生活。即便如此，母亲也总是拿出一大瓶胶水，供学生们在贴邮票、封信封时免费使用。

在当时，琼和母亲用一天的时间才能赚到一瓶胶水钱。琼感到很不理解。母亲却说，极小的事，有时反而会让人感到温暖，只有让人感到温暖，才能做好生意；就是不做生意，能让人感到温暖，也是一件好事。

不久，母亲又拿出一把转笔刀，供学生们免费使用。那时转笔刀刚刚问世，多数学生还买不起，他们就都到小店来

削铅笔。几天时间，转笔刀就会坏掉。母亲就再拿出来一个。

几年后，琼15岁了，他觉得自己该干点儿什么了。当时，意大利有很多人骑自行车，琼便在自家的小店前修起了自行车。这是琼自己第一次创业。琼准备了一些气门芯，供前来修车的人免费使用。别人修车，气门芯都是卖的，只有琼是白送。所以，很多人宁可多跑一两里路，也要来琼这里修车。

若干年后，琼开设了自己的私人快递公司。别的快递公司，邮件的包裹都是要收取费用的，而在琼的公司，简单的包装是免费的。琼的公司比任何快递公司都赚得少，但他很快就赢得了人心。

在39岁时，琼又接手了一家汽车经销店。琼接手时，让员工们作好准备，先赔半年钱。琼对外发布的信息，更是让车市一片哗然：凡是来本店购车的，一律送内饰。琼是整个意大利第一个如此卖车的人。不到半年，琼的车店就开始赚钱了。

在50岁时，琼创办了意大利最大的连锁超市。别的超市都是一分一厘地与顾客计算，琼的超市却为顾客抹去零头。凡是零分钱，都由超市负担。让几分钱，却让琼赢得了顾客的心。

琼的生意，由一个小小的店面发展到全意大利最大的连锁超市，他用细节去温暖客户的心，赢得了大家的信任，由此成就了一番事业。关注极小的细节，看起来没有什么，平常得不足挂齿，但对天下绝大部分的人来说，都是很不容易做到的。而恰恰是注重细节的人，能成大事。

我的成长启示

　　细节很重要，通过细节，可以看透一个人的性格、品质及个人修养。注意细节的人，细节会成为他前进的阶梯；不注意细节的人，细节会成为他成功的绊脚石。

特别的面试

【阅读导航】

把每一件简单的事做好就是不简单；把每一件平凡的事做好就是不平凡。

——张瑞敏

刘炳龙在一家公司当总经理助理。他经常提出一些很有价值的管理建议，但一直得不到总经理的重视。他感到自己的才华得不到施展，干脆辞职了，去应聘另一家公司总经理助理的职位。凭着丰富的工作经验和过硬的专业知识，刘炳龙一路过关斩将，与另外两个人一起进入最后一轮测试。

最后一轮测试，是由总经理亲自把关的面试。面试前，三个人得到通知，第二天上午8点，每人带一份A4纸打印的10页的个人简历。刘炳龙是最后一个接受总经理面试的人。他走进总经理办公室，交上简历，总经理也不和他说话，只是翻开简历，很认真地看起来。过了好长一段时间，总经理把简历往桌上一扔，对刘炳龙说："你的简历，比前两个人做得好，可惜你还是有一处小小的错误，这个页码应该是9，但你写的是8。我是个重视细节的人。"

　　刘炳龙从怀里又掏出一份简历，递给总经理，平静地说："你把这一份简历与刚才那份对照一下，看还有没有纰漏？"

　　总经理拿起简历，很快发现两份简历几乎完全一样，唯一不同的是，后递上来的简历把刚才那个唯一的错误订正了。

　　"既然你知道这份简历更完美，为什么一开始不交上来？"总经理大惑不解地问。

　　"到你们这里应聘之前，我在另一家公司做总经理助理，薪水很不错，比你们开得高。为什么要辞职呢？因为我的建议得不到重视。我希望在新的工作岗位上，能够实现我的价值。与你一样，我也是个重细节的人，我崇尚精细，简历先交上这一份，如果你没发现那处纰漏，我会让你找出来，看你要用多长时间……"

　　总经理打断刘炳龙的话说："我明白了，你带两份简历的目的，其实是为了面试我。"

　　"可以这么说吧，"刘炳龙笑着伸出一只手，"我想我们彼此都应该很满意……"

我的成长启示

　　无论多么繁杂的事情，都由若干个细节构成。做好所有的事情并不难，只需要做好其中的每一个细节。

趣味科学知识

迪斯科灯光诱杀毒蟾蜍

在澳大利亚，一种名为蔗蟾蜍的有毒蟾蜍数量多达数百万只，成为最令当地人头疼的动物。因为它们释放出来的可引起幻觉的毒液甚至能杀死鳄鱼和野狗，其他动物因为误食蔗蟾蜍中毒身亡的事也时有发生，而要对付这种毒蟾蜍还很不容易。

谁能想到相貌丑陋的毒蟾蜍竟迷上了夜总会中的"迪斯科灯光"！2005年9月，澳大利亚研究人员利用这种深色的紫外线光吸引并捕获了很多蔗蟾蜍，缓解了这种有害物种对当地环境的威胁。

马拥有惊人的长期记忆

与一些拥有惊人智商的啮齿类动物一样，马也是一种非常聪明的动物，拥有惊人的长期记忆力。根据《动物行为》杂志刊登的最近一项研究发现，与驯马师们有过愉悦经历的马——尤其是那些受到过鼓励的马——在分开几个月后更有可能记住这些人，同时也对这些人表现出更大的喜爱。

此外，这些马也更有可能亲近它们并不熟悉的人，所表现出的行为就是用鼻子嗅和用舌头舔。研究人员表示这种行为说明马会形成与人有关的积极记忆，说明马也是一种高智商动物。

第 11 章

点亮你的智慧之灯

生活处处皆学问。在生活中，我们若是拥有智慧，有一双善于观察事物的眼睛，定能发现许多不同寻常之处，世界也会因此变得更加美好。

策划的艺术

【阅读导航】

人类的智慧就是快乐的源泉。

——薄伽丘

著名杂耍家史密斯培养了大量顶尖杂耍人才，其中不少人还获得了国际大奖，他可谓桃李满天下。他的杂耍项目繁多，如多人重叠、走钢丝、抛飞刀，最著名的要数空中飞人。每年他都会接到大量的邀请函，带着杂耍团满世界飞来飞去，为人们表演。

报纸、电视等媒体每天都要报道史密斯的行程以及他的杂耍团的表演情况。凡是与他相关的消息一经报道必定会引起人们的关注。这引起了总统的兴趣。总统决定要看一场史密斯的表演。

这个消息一经传出，顿时引起了强烈反响。因为总统反复强调，这次一定要史密斯亲自表演。的确，以前的杂耍都是由史密斯的弟子们表演的，几乎谁也没有看见过史密斯亲自演出。弟子们的表演都那么精妙绝伦，师父表演的精彩程度岂不是无法形容！谁也不想错过这千载难逢的机会，于是，表演大厅的售票处一开放，门票就被一抢而空。

期待已久的演出即将开始，所有人，包括总统都正襟危坐，面带微笑地等待着开幕。有人还将两手摆成了鼓掌的姿势，只等好戏一结束便用力地鼓掌，为史密斯先生叫好助威。当史密斯先生终于出现在舞台上时，他却十分抱歉地对大家说："我根本就不会表演，如果想看精彩的表演，还不如让我的弟子们出场。"这时，很多人都觉得十分扫兴，如果不是史密斯过分谦虚，便是他太瞧不起人了，被瞧不起的人中还包括了尊敬的总统先生。

果然，总统先生不同意，他坚持要看史密斯亲自演出。史密斯无奈，只得硬着头皮给大家表演。一个节目还没表演完，全场便爆发了多次如雷般的掌声。人们笑得直不起腰，甚至笑出了眼泪，有的拍红了巴掌还不愿停下来。

原来，史密斯的表演差到让人难以想象。他甚至连一个普通的踩单车的节目都不会，短短几分钟时间，他便在台上摔了十几个跟头，那架单车都摔得散了架。表演抛碗时，他才抛了几下，一只碗便"啪"的一下摔得粉碎。欢呼声再次响起，在激烈的笑闹声中，史密斯一连摔掉了十几只碗，才尴尬地从台上退了下去。

史密斯总共在台上演了五个节目，一个节目比一个节目的水平差，令观者大跌眼镜，可是从观众的反应情况来看，是一个比一个火爆。观众的掌声和欢呼声一浪高过一浪。尽管史密斯的杂耍团很受欢迎，可是还没有哪次演出能获得这么多的掌声。就连一向不苟言笑的总统先生，也哈哈大笑了半个晚上。

此时，主持人上台郑重宣布，刚才为大家表演的，是与史密斯先生相貌相像的他的胞弟，他本是一位喜剧演员，今天受哥哥之邀特来博取大家一笑。现在由真正的史密斯先生为大家表演。人们明白过来，全

场再次爆发出热烈的掌声。

显然，史密斯先生的技艺是很高超的，无论哪一项表演都非常出色。特别难得的是，快50岁的人了，他还敢为大家表演走钢丝。当史密斯表演完毕，大家长吁了一口气，掌声经久不息！

史密斯心里清楚，这次演出主要成功在自己的策划上。如果不是当喜剧演员的弟弟首先出场，既愉悦了观众，又降低了他们的心理期望值，他的演出又怎能获得如此轰动的效果呢？他的演技跟弟子们差不多，何况他上了年纪，很多地方还不如弟子们，如果一开始便由他为观众演出，显然毫无新意，平淡无奇。一向喜新厌旧的观众也不可能给他更多掌声。

我的成长启示

　　人总是站在各种各样的舞台上，当你身处劣势时，除了努力和奋斗，还要懂得精心策划，这样才能赢得掌声。

不够润滑别冲动

【阅读导航】

智慧是经验之女。

——达·芬奇

大学毕业后，我进了一家外资企业。我的部门领导姓杨，大家都唤他杨生。杨生有个毛病——刚愎自用，他在他的权力范围之内，不能容忍别人说"不"。他曾经当场辞掉一名员工，因为那个家伙竟敢和他顶嘴。

一天下午，遵照杨生吩咐，我在按部就班地完成一项工作。做到一半时，我发现按杨生的吩咐，工作将会在进展到三分之二的时候，无法进行下去。如果去掉一种叫作大蓝的原料，而以墨蓝替代，则不仅能顺利完成工作，还能提高效率、事半功倍。这时候，恰好杨生从办公室出来。我张了张嘴，打算向杨生汇报我的发现，转念一想，马上又闭上了嘴。要是杨生对我的想法不以为然，我又坚持己见，搞不好场面会很难堪，我可不希望被辞退。

就这样，我什么话都没说。整个下午，我懒洋洋的，因为明知手上的工作存

在错误却无法纠正，所以只能做一天和尚撞一天钟——得过且过。这天下班，我直接回到了住处，来到门前，门锁却死活打不开。我不由得急了，狠狠地用脚踢门，惊动了邻居。他是位四十岁上下的中年男人，听我发泄完对门锁的愤怒后，他回房拿来一根牙签，还有一小杯花生油。他要过钥匙，小心用牙签蘸了花生油，慢慢滴在钥匙上。然后，他对我说："你再试试。"我接过钥匙，重新插进锁孔，只听"咔嚓"一声，门锁乖乖地开了。

望着我一脸的感激，邻居轻描淡写地告诉我："门锁和钥匙都老化了，配合不够默契了。通常在这种情况下，它们需要的不是强硬配合，不是被用力踢打，而是在它们配合的过程中，加进去一小滴油性的液体用以润滑。"

这天晚上，回味着邻居的话，我突然知道明天该怎么做了。

第二天上班，我没有继续工作，而是找到杨生，告诉他大蓝已经用完，要不要试试用墨蓝代替大蓝。杨生想了想，亲自操作了一番，结果证明我的想法没错。我看见有道亮光在杨生眼中闪了一闪，他说："行，那就用墨蓝代替大蓝。"就这样，向来无法容忍别人意见的杨生，轻而易举地接受了我的建议。杨生分派的那项工作，自然也被我轻松地完成了。

几天后，杨生提拔我当了组长，同时把我叫进办公室，告诉我原因。那一天，他其实知道储藏室里有大蓝，因此，觉得很是奇怪，想知道我为什么这么做。等他亲自操作完毕，才明白我巧妙地"骗"了他。于是，我向他说起了邻居"一滴油润滑"的道理。杨生一拍桌子，连说："有道理，有道理！"

（作者：易江南）

我的成长启示

要想使对方乐于接受自己的观点和建议，需要讲究语言表达的艺术。

"玩"出来的精彩

【阅读导航】

> 智慧是不会枯竭的，思想和思想相碰，就会迸溅无数火花。
>
> ——马尔克林斯基

美国麻省理工学院的斯蒂福·拉塞尔是一个"玩心"十足的人。他曾经看过英国著名的科幻小说《大战火星人》。书中的动人情节给他留下了深刻的印象：文明程度极高的火星人驾驶飞碟来到了地球，勇敢的地球人与他们展开了你死我活的奋战……

拉塞尔想：要是把书中的情节搬到屏幕上"玩"，那该多好啊！

于是，拉塞尔利用电脑的绘图功能，逼真地模拟天空中的景象，包括星云、流星等，接着在天空中绘上了飞船，并编写了飞船运动程序。其中，有一艘飞船的运动由游戏者通过键盘控制。1961年，一个名叫"太空大战"的电子游戏问世了。

《太空大战》受到人们的欢迎，也使人们看到了电子计算机的游戏功能。

在美国盐湖城犹他大学，有一位名叫

诺蓝·布什内尔的年轻人，也被《太空大战》迷住了。他觉得这玩意儿很刺激，很有吸引力，具有商业开发价值。他还认为，《太空大战》只能在较昂贵的小型计算机上应用，这是一个弊端，必须设计一种价格低廉的专用机，并在机器上设计一个槽孔，让游戏者投入硬币就可以玩。

布什内尔带着这些想法，到一家生产录音设备和磁带的电子公司工作。工作之余，他思索着专用机的设计方案。

1971年，布什内尔得知微处理器问世了。他激动万分，仿佛看到了胜利的曙光。很快，他就设计出了利用微处理器的研制方案。

"为了自己和别人以后玩得痛快些，自己现在就得累一些。"他常常这么想，也确实这么做着。每天一下班，他简单地用过晚餐，就躲进了工作室，他房间的灯常常通宵达旦地亮着。

不久，布什内尔以微处理器作为主机，再配上一些中小规模的集成电路，以及19英寸的电视屏幕，就制成了专用机。这是世界上第一台电子游戏机，在它上面可以玩一种叫"计算机宇宙"的电子游戏。

我的成长启示

同样是玩，却有利弊之分。有些人会玩得荒废学业、不务正业，也有人能够玩出花样、玩出智慧。

"废物"让世界更美好

【阅读导航】

> 使人发光的不是衣上的珠宝，而是心灵深处的智慧。
>
> ——西班牙谚语

切泽布罗是纽约的一名药剂师。1859年，他受公司派遣去宾夕法尼亚州新发现的一个油田参观。油田的一切景象都让未见过油田的人们感到惊奇，而切泽布罗关注的却是工人们在收工之后的一个小小的细节举动。他发现工人们总是在下班之余，还要费劲地清理油杆上的蜡垢，而这一层油腻腻的东西着实让他们讨厌并头疼。

切泽布罗虚心地向这些工人们请教，这些蜡垢有什么用处。工人们皱着眉头告诉他，这种东西除了治疗"割伤"外，毫无用处。原来，在工地上使用各种各样的工具，工人们难免会将手划破，受伤的工人们总是顺手抠一些蜡垢涂在伤处，不管有用没用，反正，伤口得到滋润，感觉愈合得会快一些。但是，蜡垢造成的麻烦也够让人头疼的。切泽布罗听了，灵机一动，

收集了一些蜡垢带了回去。

切泽布罗利用自己的专业知识，再加上反复地实验，终于从这些"废物"中提炼出一种油脂。为了检验它是否真的有医疗效果，他把自己作为第一个试验对象。他有一只手腕正好受了伤，涂上药膏后，伤很快就好了。冬天到了，凛冽的寒风将人的手和脸吹得裂开了许多小口子，切泽布罗将这种油脂涂抹在手上、脸上，他觉得皮肤滋润了很多。他爱美的小女儿每天都偷偷地在脸上抹一点儿这种油脂，女儿也因皮肤的娇嫩白皙备受同伴们的羡慕和嫉妒。

1870年，切泽布罗拿出自己所有的积蓄，建立了世界上第一座制造这种油膏的工厂，并把这种油膏命名为"凡士林"。从此，凡士林和美丽结缘，让爱美的女性得以容颜焕发、青春永驻。

我的成长启示

有些东西之所以被称为"废物"，是因为被放到了不恰当的位置上，或者是人们还没有发现它的价值。

铁匠铺里有拉链

【阅读导航】

哪里有智慧，哪里就有成效。

——俄罗斯谚语

日常生活中，大大小小的拉链随处可见，使用起来方便快捷，很受人欢迎。但是，有谁知道，拉链的发明还应该归功于盛饭的勺子呢？

一百多年前，一位叫贾德森的美国人外出旅行。下火车时因人多拥挤，一位老太太携带的袋子被人挤坏了，东西撒了一地。老太太焦急万分，贾德森帮她把东西捡了起来。但是，车站没有可用来缝袋口的针线，老太太无奈地将破了的袋子和一大堆东西抱在怀里，一点一点地往家挪。时隔多天，老太太的背影还留在贾德森的脑海里，挥之不去。

贾德森为人善良，又喜好钻研。一次，他家里盛饭的勺子被淘气的小儿子不小心摔坏了，他只好到铁匠

铺去买新勺子。铁匠师傅是个机灵的年轻人，店里的勺子排得十分整齐。上边一排勺子用一根钢筋穿过勺眼挂着，下面一排则是勺柄朝下，勺部和上一排"咬"在一起。贾德森选中下面的一把，顺手就拿却怎么也拽不动。这时，铁匠师傅笑了笑，轻轻地把周围的勺子向两边移了移，很轻松地就取下了那把勺子。

回到家中，贾德森似有所悟，他突然联想起了那天老太太的遭遇。他想，为什么不能利用铁勺子的这种组合关系，发明一种能够方便分开又结合在一起的东西呢？

一天、两天……许多天过去了，贾德森的家里总是传出叮叮当当的响声。经过反复试验，几个月后，贾德森终于发明了人类历史上第一根拉链。现在，几乎没有人不用到他的发明成果。而我们在方便地生活的同时，更应该记住贾德森这个名字以及这个和勺子相关的故事。

我的成长启示

生活时刻都在启发着人类。有人无动于衷，于是成为了寻常人；有人却茅塞顿开，于是成为了发明家。

安在大厦上的"悬崖"

【阅读导航】

在世界的前进中起作用的不是我们的才能，而是我们如何运用才能。

——布雷斯福德·罗伯逊

　　能村先生是日本最大的帐篷商，也是太阳工业公司的董事长。为了拓展事业，公司计划在东京建一座新的销售大厦。可是，在寸土寸金的东京建一座大厦，不仅一时难以收回成本，而且大厦的每日消耗也是一笔不小的开支。善于算计的能村先生思来想去：怎样才能做到既建成大厦，又利用大厦赚更多的钱呢？

　　有了这样的想法，能村先生便特别关注生活里的一些热点问题。当时，攀岩热正在日本兴起，且大有蓬勃发展之势，这令能村先生茅塞顿开：何不建一座"都市悬崖"，满足那些爱好攀岩的都市年轻人？经过调查研究和几位建筑师的反复研讨，能村先生决定把十层高的销售大厦的外墙加一点花样，建成一座悬崖绝壁，作为攀登悬崖的练习场。半年后，一座植有许多花木青草的"悬崖"便昂然矗立在东京市区内，仿佛一个多彩而意趣盎然的世外桃源。练习场开业那天，几千名喜爱攀岩的血气方刚的年轻人，兴高采烈地聚集此处，纷纷于此过一把攀岩瘾。

在东京市区内出现了从前在深山峻岭才能看到的风景，这一下子吸引了人们的目光，每日来此观光的市民不计其数。而一些外地的攀岩爱好者闻讯后，也不辞辛苦到东京一显身手。

接着，能村先生又恰到好处地把握了这种轰动效应，在公司的隔壁开了一家专营登山用品的商店。很快，该店便因货品齐全，占据了登山用品市场的榜首地位。

"越能利用有利用价值的东西就越能赚钱。"这是能村先生的经营之道，而他也正是在这一理念的引导下，把大楼的外墙建成都市里的"悬崖"，从而赚了大钱。

（作者：杨润球）

我的成长启示

只有找准自己的位置，才能立于不败之地。充分挖掘一切可以利用的条件，则会使自己左右逢源。

铅笔的故事

【阅读导航】

聪明才智是拨动社会的杠杆。

——巴尔扎克

在美国佛罗里达州,有位名画家叫海曼·李浦曼。尽管他终日作画,但日子过得并不宽裕,是位不走运的穷画家。

一天,他审视作画底稿时,觉得有些地方画得太差劲,必须修改。于是,他搁下铅笔找橡皮。房间里简陋的画具乱七八糟地搁着,他东翻西翻,费了九牛二虎之力才从一个夹缝中找到了橡皮。他烦恼极了。他用橡皮擦干净要修改的地方,准备补画。这时又发现刚刚用过的铅笔不知哪里去了。他只好窝着一肚子火再次东翻西翻。铅笔总算找到了,可是修改作品的灵感却消失了。

他十分恼怒,一脚踢翻了画架。穷画家望着滚在地上的铅笔和橡皮,突然有了一个创意:何不将铅

笔和橡皮绑在一起呢？于是，他的怒火慢慢平息。他捡起铅笔和橡皮，又找来细线将它们捆在一起，这样就方便多了。后来作画时，他觉得还是不方便，铅笔和橡皮容易散开。他想了想，若是用薄薄的铁皮将橡皮包在铅笔的顶端那该有多好，既牢固方便又美观。当天晚上，李浦曼就制作出了带橡皮的铅笔。

第二天，客人来访，发现了李浦曼的小发明，建议他去申请专利。李浦曼听从朋友的劝告，果然获得了专利权。后来，李浦曼把这项小发明卖给一家铅笔公司，这家公司生产的带橡皮的铅笔在世界各地都很畅销，公司老板发了大财，李浦曼也过上了阔绰的生活。

（作者：周游）

我的成长启示

　　每个人都有很多奇妙的想法，普通人总把它们当成稍纵即逝的念头，而成功者却把它们看作改变一生的灵感。

小处关心，大处惊人

【阅读导航】

一盎司自己的智慧抵得上一吨别人的智慧。

——斯特恩

风靡世界的西服，是法国一个叫菲利普的人发明的，他是从渔民和马车夫那里得到灵感的。

有一年秋天，年轻的子爵菲利普和好友们结伴而行，踏上了秋游的路途。他们从巴黎出发，沿塞纳河逆流而上，再在卢瓦尔河里顺流而下，品尝了南特葡萄酒后来到了奎纳泽尔。当时的人们想不到的是，这里日后竟成了西服的发祥地。

奎纳泽尔是座海滨城市，这里居住着大批出海捕鱼的渔民。由于风光秀丽，这里还吸引了大批王公贵族前来度假，旅游业特别兴旺。来这里的人最热衷的一项娱乐就是随渔民出海钓鱼。

菲利普一行也乐于此道。来奎纳泽尔不久，他们便请渔夫驾船出港，到海上钓鱼取乐去了。鱼一旦上钩，要将钓竿往后一拉，这里的鱼都挺大的，菲利普感到自己穿着紧领、多扣子的贵族服装很不方便，有时用力过猛，把扣子都挣脱了。可他看到渔民们却行动自如。于是，他仔细观察渔民们穿的衣服，发现他们的衣服是敞领、少扣子的。穿这种样式的衣服，在海上进行捕鱼作业时十分便利。因为，敞领便于大口喘气；扣子少更便于用力，在劳动强度大的作业中，可以不扣，即使扣了也很容易解开。菲利普虽然是个花花公子，但在穿着打扮上倒有些才能。渔夫的穿着打扮让他得到了启发，回到巴黎后，他马上找来一些裁缝共同研究，力图设计出一种既方便生活又美观的服装来。

不久，一种时新的服装问世了。它与渔夫的服装相似，敞领，少扣，但又比渔夫的衣服挺括，既便于用力，又保持了传统服装的庄重。新服装很快传遍了巴黎乃至整个法国，以后又流行到了整个西方世界。

我的成长启示

处处留心皆学问。在生活中，有一双善于发现的眼睛，就能融入自然和社会生活中，就能有源源不断的灵感。

悠悠球

悠悠球是世界上花式最多、最具观赏性的手上技巧运动之一。在专业比赛中，选手需要配合音乐，在规定的时间内用无数个花式组合成一套技术表演。裁判根据选手每个动作的难度、观赏性、流畅度来打分，将累积的分数统计后作为选手的最终得分。高水平悠悠球手进行技术表演，甚至能将无数个令人震惊的技术花式连接起来，一口气展现给观众，因此也具有非常高的观赏性，令人目不暇接，百看不厌。

街头篮球

街头篮球起源于美国，比赛并不需要在正规的篮球场上进行。在城市广场或街边开阔地划出半个篮球场大小的平坦硬地，树立一个篮球架，即可进行比赛。街头篮球脱离了许多限制，拥有一种艺术的表现形式，比正统的篮球比赛更具有观赏性和娱乐性。打街头篮球也是为了赢，但并不是为了赢得比赛的胜利，而是赢得观众的赞同和欢呼声。

男子汉宣言墙

没有人有义务照顾我的情绪，从今以后，我要管理好自己的情绪。

——钱进

我不想做个退缩者，我要积极应对同学间的竞争！

——赵森

以前我很骄傲，目中无人。从现在起，我要做个谦虚的人。

——杨帆

我要对自己充满信心，坚信自己能成为一个杰出的人。

——邱光华

细节很重要。我要改掉粗心的坏习惯，注重每一个细节。

——张辰

读者反馈卡

感谢您购买《培养杰出男孩的130个故事》，祝贺您正式成为了我们的"热心读者"，请您认真填写下列信息，以便我们和您联系。您如有作品和此表一同寄来，我们将优先采用您的作品。

读 者 档 案

姓名＿＿＿＿＿＿＿＿　　年级＿＿＿＿＿＿＿＿＿

电话＿＿＿＿＿＿＿＿　　QQ号码＿＿＿＿＿＿＿＿

学校名称＿＿＿＿＿＿＿＿＿＿＿＿＿＿＿＿＿＿＿

班级＿＿＿＿＿＿＿＿　　邮编＿＿＿＿＿＿＿＿＿

通信地址＿＿＿＿＿＿省＿＿＿＿＿＿市（县）＿＿＿＿＿＿区

（乡/镇）＿＿＿＿＿＿＿＿街道（村）

任课老师及联系电话＿＿＿＿＿＿＿＿＿　课本版本＿＿＿＿＿＿

您认为本书的优点是＿＿＿＿＿＿＿＿＿＿＿＿＿＿＿

您认为本书的缺点是＿＿＿＿＿＿＿＿＿＿＿＿＿＿＿

您对本书的建议是＿＿＿＿＿＿＿＿＿＿＿＿＿＿＿＿

＿＿＿＿＿＿＿＿＿＿＿＿＿＿＿＿＿＿＿＿＿＿＿＿＿

您在使用过程中发现的错误，可另附页。

联系我们：北教小雨文化传媒(北京)有限公司

地址：北京市北三环中路6号北京教育出版社

邮编：100120

联系人：北教小雨编辑部

联系电话：13911108612

邮箱：beijiaoxiaoyu@163.com

*此表可复印或抄写寄至上述地址

请沿此虚线剪下✂

编者声明

　　本书的编选，参阅了一些报刊和著作。由于联系上的困难，我们与部分作者未能取得联系，谨致深深的歉意。敬请原作者见到本书后，及时与我们联系，以便我们按国家有关规定支付稿酬并赠送样书。

　　联系人：北教小雨编辑部

　　地　　址：北京市北三环中路6号北京教育出版社

　　邮　　编：100120

　　电　　话：010-82012300